U0100580

大展好書 好書大展

大展好書 好書大展

神算大師 4

諸葛亮神算兵法

應涵・編著

大展出版社有限公司

目錄

將苑

便宜十六策

武侯心書

附錄

將苑

概述

《將苑》，原稱為《新書》，明李夢陽題作《心書》，清張澍改稱《將苑》。中國三代論將用兵的著作。全書五十篇，約五千字。南宋《遂初堂書目》始有記載，明王士騏編《諸葛亮集》將其收入。現有明、清刊本。原著是否為諸葛亮所撰，尚有爭議。

諸葛亮，字孔明，東漢琅琊郡陽都（今山東沂南）人，生於漢靈帝光和四年（公元一八一年），卒於蜀漢後主劉禪建興十二年（公元二三四年），是我國歷史上著名的軍事家、政治家，先後輔佐劉備、劉禪二十八年，創建了蜀漢政權，勵精圖治，賞罰嚴明，對西南地區的政治統一、經濟發展和民族團結有重要貢獻。他親自參加和指揮了赤壁之戰和六次北伐曹魏等戰役，以長於謀略和用兵謹慎著稱。他的軍事著述對我軍事思想產生過深遠的影響。

《將苑》是我國古代軍事思想史上專論為將之道的第一部書，是一本古代的「將才學」。它比較全面地、系統地闡述了將領所應該具有的品格、修養、能力和素質，以及應該防止的弊端和應該杜絕的惡習，堪稱古代為將之道的集大成，凝結了諸葛亮領導藝術和識別、選拔、使用將領的奧訣，受到歷代軍事家的重視和推崇，被認為是統軍帶兵的將領必讀之書。

《將苑》圍繞著為將之道這個主題，論述以下五十個問題：兵權、逐惡、知人性、將材、將器、將弊、將志、將善、將剛、將驕、將強、出師、擇材、智用、不陣、將誠、戒備、習練、軍蠹、腹心、謹候、機形、重刑、善將、審因、兵勢、勝敗、假權、哀死、三賓、後應、便利、應機、揣能、輕戰、地勢、情勢、擊勢、整師、勵士、自勉、戰道、和人、察情、將情、威令、東夷、南蠻、西戎、北狄等，從不同角度對將帥提出德才要求。書中一事一議，言簡意賅，頗能發人深省。

《兵權》篇提出兵權是「三軍之司命，主將之威勢」。就是說，將是掌握兵權的，能夠發號施令，所以，將有了「執兵之權，操兵之要勢，而臨群下，譬如猛虎，加之羽翼，而翱四海，隨所遇而施之。」相反，「將失權，不操其勢，亦如魚龍脫於江湖，欲求游洋之勢，奔濤戲浪，何可得也。」說明「將」和「兵權」是相隨偕行的。「兵權」為「將」提供馳騁的條件，「將」使「兵權」發揮應用的效用。可以看出「將」的作用舉足輕重。

《將材》篇列舉了「將材有九」：「道之以德，齊之以禮，而知其飢寒，察其勞苦，此之謂仁將。事無苟免，不為利撓，有死之榮，無生之辱，此之謂義將。貴而不驕，勝而不恃，賢而能下，剛而能忍，此之謂禮將。奇亦莫測，動應多端，轉禍為福，臨危制勝，此之謂智將。

進而厚賞，退有嚴刑，賞不逾時，刑不擇貴，此之謂信將。足輕戎馬，氣蓋千夫，善固疆場，長於劍戟，此之謂步將。登高履險，馳射如飛，進則先行，退則後殿，此之謂騎將。氣凌三軍，志輕強虜，怯於小戰，勇於大敵，此之謂猛將。見賢若不及，從諫如順流，寬而能剛，勇而多計，此之謂大將。」這些是諸葛亮從氣質和氣度上劃分具備將材的九種類型。

因為人各有異，素質有別，「其用大小不同」，根據能力大小諸葛亮劃分了六個任將等次：十夫之將，百夫之將；千夫之將，萬夫之將，十萬人之將，天下之將。他說：「若乃察其奸，伺其禍，為眾所服，此十夫之將。夙興夜寐，言詞密察，此百夫之將。直而有慮，勇而能鬥，此千夫之將。外貌桓桓（威武的樣子），中情烈烈，知人勤勞，悉人飢寒，此萬夫之將。進賢進能，日慎一日，誠信寬大，閑（嫻）於理亂，此十萬人之將。仁愛洽於天下，信義服鄰國，上知天文，中察人事，下識地理，四海之內，視如室家，此天下之將。」

《將志》篇提出為將要「不恃強，不怙勢，寵之而不喜，辱之而不懼，見利不貪，見美不淫，以身殉國，一意而已。」

《將善》篇則要求為將要做到「五善」「四欲」。五善：即「善知敵之形勢，善知進退之道，善知國之虛實，善知天時人事，善知山川險阻」；四欲：即「戰欲奇，謀欲密，眾欲靜，心欲一。」

《將剛》篇提出「其剛不可折，其柔不可卷（倦）」，即剛柔相濟，做到以弱制強，以柔制剛。單純的純柔或純剛都是不行的，「純柔純弱，其勢必削，純剛純強，其勢必亡，不柔不剛，合道之常。」

《將情》篇明確指出：「為將之道，軍井未及，將不言渴；軍食未熟，將不言飢；軍火未然（燃），將不言寒；軍幕未施，將不言困；夏不操扇，雨不張蓋，與眾同也。」諸葛亮這一思想是承襲了《三略‧上路》「軍井未達，將不言渴；軍幕未辦，將不言倦；軍灶未飲，將不言飢；冬不服裘，夏不操扇，雨不張蓋」的思想，說明將帥必須以自身的模範作用取信於士卒，上下一心，才能取得戰爭的勝利。

《將弊》篇提出為將「八戒」：「一曰貪而無厭，二曰妒賢嫉能，三曰信讒好佞，四曰料彼不自料，五曰猶豫不自決，六曰荒淫於酒色，七曰奸詐而怯，八曰狡言而不禮。」《將驕》篇中指出：「驕則失禮，失禮則人離，人離則眾叛。」「賞不行則士不致命，士不致命則軍無功，無功則國虛，國虛則寇實矣」。

《和人》篇指出：「夫用兵之道，在於人和，人和則不勸自戰矣。」「人和」吏士無猜，團結精誠，作戰才有戰鬥力。因此，將帥必須：有難先當，有功後賞。士卒負傷，要安撫他；陣亡，要好好給他安葬；飢了，要給他吃的；冷了，要給他穿的；士座中有智謀者，給予獎勵和提拔；勇敢者，以資鼓勵。

《兵勢》篇指出：兵勢有三：「一曰天，二曰地，三曰人」。所謂「天」，指的是「天勢」。「天勢者，日月清明，五星合度，彗勃不殃，風氣調和」。所謂「地」，指的是「地勢」，「地勢者，城峻重崖，洪波千里，石門幽洞，羊腸典沃」。所謂「人」，指的是「人勢」，「人勢者，主聖將賢，三軍由（有）禮，士卒用命，糧甲堅備」。所以諸葛亮說：「善將者，因天之時，就地之勢，依人之利」，這是從宏觀上把握用兵機軸。

《戰道》篇指出五種「戰道」：一是「林戰之道，晝廣旌旗，夜多金鼓，利用短兵，巧在設伏，或攻於前，或發於後」；二是「叢戰之道，利用劍盾，將欲圖之，先度其路，十里一場，五里一應，偃戢旌旗，特嚴金鼓，令賊無措手足」；三是「谷戰之道，巧於設伏，利於勇鬥，輕足之士凌其高，必死之士殿其後，列強弩而衝之，持短兵而繼之，彼不得前，我不得往」。四是「水戰之道，利在舟楫，練習士卒以乘之，多張旗幟以惑之，嚴弓弩以中之，持短兵以捍之，設堅柵以衛之，順其流而擊之」，五是「夜戰之道，利在機密，或潛師以衝之，以出其不意，或多火鼓，以亂其耳目，馳而攻之，可以勝矣」。

《將苑》其它各篇，對為將之道均有許多獨到見解，是諸葛亮畢生治軍經驗的總結，歷來受到軍事家的重視推崇，於今也是有借鑒作用的。

兵權第一

兵權是三軍司命的象徵

人，不能領導他人，就得爲人所調整。將帥掌握兵權就會如虎添翼，將帥喪失權力就如同魚龍脫離了江湖。

地位身分變了，權力勢力大了，就飄飄然，昏昏然，驕橫拔扈。如此不僅難以得到上司的信賴與百姓的愛戴，可悲的是最後事業無成，只能嘗到弄權的苦果。

貧不移志，富不淫樂，貴不弄權，這才是處世最明智的作法。政權與兵權同理，掌權者不可不自重。

〔原文〕

夫兵權者，是三軍之司命，主將之威勢。將能執兵之權，操兵之要勢，而臨群下，譬如猛虎，加之羽翼，而翱翔四海，隨所遇而施之。若將失權，不操其勢，亦如魚龍脫於江湖，欲求游洋之勢，奔濤戲浪，何可得也。

〔譯　文〕

兵權，就是將領統率三軍的權力，也是主將樹立自己威信的關鍵。主將掌握了兵權，就抓住了統率部隊的要領。好似一隻猛虎，添上了雙翼，不但具有威勢，而且能翱翔四海，在任何情況下都隨機應變，佔著主動。如果將帥喪失了這個權力，不僅不能指揮部隊，而且如同魚、龍離開了江湖，要想求得在海洋中自由地翱遊，在浪濤中自由地漂蕩戲耍，又怎麼能做得到呢？

將執兵權　操兵要勢

所謂兵權，就是指將帥的領導權、指揮權、決策權。不僅僅對用兵作戰重要，就是對各行各業，做任何事情同樣重要。

有實權，則如虎添翼，就可以翱翔四海，遇事可靈活應變，爭取主動。世俗認爲，有權就有勢，有權就有錢。

當我手中無權時，便會朝思暮想，一旦權在手，便怎樣、怎樣……雄心勃勃，志氣如雷，一旦大權在握，我又會作何等想，又會怎樣用權呢？的確，權力是個寶，它能使人春風得意，能博取部屬的尊敬，又能爭得百姓的敬仰。

無論是大官，還是小將，手中的權力不能緊緊地把握住，要想有所作爲，成就一番事業，也只是一種夢想而已。如果我是一個公司經理，有職無權，在人事、資金等問題上當不了家，做不了主，我即使有妙策奇方，也難以把公司盤活、盈利。

所以，爲官者，想在自己的分內獲取主事者的絕對威信，必須緊緊地握住這把尙方寶劍，才能立於不敗之地。

作爲將領，如果失去了按自己的意志指揮軍隊的權威，上受種種挾制，自己只有虛名。或者下面不聽指揮，命令不能下達貫徹，指揮不動，那不就和離開河湖的魚龍一樣了嗎？任你有多高才能也無從施展。

唐王朝建立之初，李世民帶兵南征北戰，平定一路又一路反王，鞏固了唐王朝，功勛卓著。但這卻遭到李世民的兄長建成和弟弟元吉的嫉妒和恐懼，他們常常向李淵「告狀」誣陷李世民，當時，正是劉黑闥因再次在河北叛亂，李世民在洛州城下智破叛軍，大獲全勝並進而移兵山東，討伐另一路叛軍徐圓朗。叛軍聞訊嚇得驚慌失措。

正當勝利在望時，李淵卻派專使召李世民回朝。李世民只好暫停進軍，返回長安，回朝之後李淵也未說明召回原因，又讓世民重返前線。秦王李世民回到前線後，統領大軍一連攻克十幾座城池，威振淮泗，勝利指日可待，就在這關鍵時刻，李淵的詔命又下了，讓李世民班師回朝，李世民走後，唐軍不但未能攻下徐圓朗的巢穴兗州，而且遭到劉黑闥因借來的突厥兵的襲擊，損失慘重。

其實，「兵權」就是領導權、指揮權、決策權，何止對用兵打仗重要，對於各行各業，做任何事情都同樣重要。

公元前六〇五年，當楚莊王問鼎中原的時候，其令尹越椒乘機在國內發動了叛亂，殺死留守在後方的官員，並出兵阻止莊王回國。莊王聞變，急速回兵，在漳之地與越椒相遇。莊王提出用兒子做人質的方式，同越椒講和，沒有獲得成功，只得列隊廝殺。

首次交鋒，兩邊各出兩名大將。莊王在戰車上，親自執旗，擊鼓督戰。越椒在遠處望見，驅車直奔莊王，彎弓搭箭，射了過來。越椒是有名的射手，然而，此時由於心急用力過猛，再加上箭頭鋒利，箭穿過車轅和鼓架，射在了銅鉦上。莊王的左右衛士趕緊用竹笠來遮擋。越椒又是一箭，箭頭穿過車轅，射在莊王身邊的笠轂上，有人撥下越椒射來的箭一看，只見這兩支箭比一般的箭長許多，並且箭鏃異常鋒利，大家無不吐舌，有的還嚇得向後倒退。眼看王師要被越椒的氣勢嚇倒。

在危急時刻，莊王立即對身邊的人說：「我們的先君在攻克忽國時，曾經獲得三支利箭，後來被越椒偷去兩支，這兩支箭現在已被他用完了，大家不用怕。」同時，還派人到軍中宣揚此事，以安定軍心。

軍心穩定後，莊王組織反擊，並親自擂鼓指揮。王師將士奮力拼殺。越椒的叛軍大敗。越椒被殺，追隨他反叛的若敖族也全被處決。楚莊王贏得了平息內亂的勝利。

逐惡第二

五蠹不除　國無寧日

無論治國還是治軍，都要切切注意五種禍害的存在。這五種禍害是什麼？就是五種奸詐虛偽、道德敗壞的小人。

對於這五種小人，必須要像對待惡毒一樣，毫不姑息，堅決逐除，以免其禍害。軍中之五蠹，政府之腐敗，全是國之毒，民之害，孰不逐除？

〔原　文〕

夫軍國之弊，有五害焉：一曰，結黨相連，毀譖賢良；二曰，侈其衣服，異其冠帶；三曰，虛夸妖術，詭言神道；四曰，專察是非，私以動衆；五曰，伺候得失，陰結敵人。此所謂奸偽悖德之人，可遠而不可親也。

〔譯　文〕

治軍與治國之中，都有五種禍害存在：一是結黨營私，搞小幫派，詆毀、排擠有才德的人；二是在服裝上奢侈，標新立異，穿戴與眾不同的衣帽、服飾，虛榮心極強；三是不合實際地誇大，蠱惑人民，製造謠言，信神信鬼；四是好搬弄是非，為私利而興師動眾；五是計較自己的得失，並且暗中勾結敵人。對所說的這五種奸詐虛偽、道德敗壞的小人，只能疏遠，千萬不可親近。

奸僞悖德　可遠不可親

飯菜餿腐變質，往往是由於細菌、蠅蛆的入侵而引起的；人體的沉疴重疾，往往是由於病毒的肆虐其間而發端；國家的腐敗、混亂，往往是由於奸黨佞臣的弄權、涉政而起步。千里之堤，潰於蟻穴。國家要強盛，民族要繁榮，事業要發達，就必須除奸鋤惡，從領導層中清除敗類。於是，領導層中便擺著一個罷免問題。如何罷免？

結黨營私，打擊有才德者，逐之；

奢華浪費、虛榮心重、嘩眾取寵者，逐之；

愛說大話、假話，愛妖言惑眾者，逐之；

專門搬弄是非、挑撥離間者，逐之；
患得患失，暗中勾結敵人者，逐之。
大千世界，善者廣，惡者亦多，能否遇到惡者時，毫不姑息，堅決逐之？

唐朝的薛仁貴是有名的驍將，他曾用一桿大戟，在高麗城中殺進殺出，得到唐太宗李世民的賞識和重用。但他在進兵吐蕃時，卻遭到了一場慘敗。

唐高宗咸亨年間，唐廷派遣薛仁貴領兵討伐吐蕃。薛仁貴決定率領騎兵輕裝突襲，攻敵不備。郭待封自願留守，薛仁貴一再叮囑他在接運之前，千萬不可輕易出動，隨後才放心領兵前進。到達河口時，有數萬吐蕃兵據險守衛。薛仁貴當即領兵衝殺，仗著手中的一桿大戟，衝開一條血路，敵軍嚇破了膽，紛紛敗逃。

唐朝大軍一擁而上，殺死許多敵兵，繳獲大批戰利品，然後再張旗鼓向西進軍，矛頭直指烏海。同時派出親信隨從，帶領一千騎兵，到大非川去接運輜重。

可是薛仁貴哪裡知道，唐軍的輜重已被郭待封「奉送給」敵軍了！原來這郭待封與薛仁貴是同級官員，他不願屈服薛仁貴的指揮，擅作主張，帶兵運送輜重緩緩前進，結果被吐蕃二十萬大軍打得大敗，數百車輜重全部丟失。薛仁貴卻蒙在鼓裡，剛回到大非川，就被吐蕃號稱四十萬大軍攻來。郭待封也帶著部下逃走了，薛仁貴本領再大，也擋不住吐蕃訓練有素的數十萬勁旅，這一仗，唐軍傷亡十之七八，一敗塗地。

這次大敗，完全是由於郭待封狂妄自大，爭名逐利，擅自行動，不聽指揮，後又臨陣逃脫，攪亂軍心造成的。而郭待封之所以會造成如此巨大的損失，則是因為唐廷用人不當，讓這麼一個名利心重而又貪生怕死的官員去當副總管重任，使國家遭難，別人也跟著倒霉。

鄭莊公寤生的母親姜氏生有兩個兒子，老大是莊公，老二叫共叔段。生莊公時，姜氏難產受到了一些驚嚇，所以取名寤生，並對其產生了討厭之感。而對共叔段，姜氏則特別偏愛，幾次請求鄭武公立共叔段為世子，武公都沒有同意。

武公死後，長子寤生繼位，是為鄭莊公。姜氏見扶植共叔段的計劃失敗，便替共叔段請求莊公將制邑作為段的封地。制邑在河南滎陽東北，北臨黃河，地勢險要，著名的虎牢關就在此處。莊公怕共叔段據險以後難以清除，沒有同意。姜氏又要求把京邑封給叔段，莊公不好再推辭，只好答應。

鄭大夫祭足知道後，立即面見莊公說：「分封的都城，它的周圍超過三百丈的，就對國家有害。按照先王的制度規定，國內大城不得超過國都三分之一、中的五分之一、小的九分之一。現在封叔段在京邑，不合法度，不是制度所允許的。這樣下去恐怕您將控制不住他。」

莊公答道：「姜氏喜歡這樣，我怎麼能避開這個禍害呢？」

祭足又說：「姜氏哪裡有滿足的時候！不如早些想辦法處置，不要使他滋長蔓延，蔓延了就很難解決，就像蔓草不能除得乾淨一樣。」

莊公沉吟了一會，說：「多做不義的事情的人，一定會自己滅亡的，你姑且等待著吧！」

其實鄭莊公心裡早已有了對付共叔段的方略。莊公感到，自己現在力量還不強大，共叔段又有母后的支持，要除掉叔段還較困難。不如先讓他盡力表演，等到其罪惡昭著後，再進行討伐，一舉除之。

叔段到了京邑後，將城進一步擴大，還把鄭國的西部和北部的一些地方逐漸據為己有。公子呂見此情形非常著急，對莊公說：「國家不能使人民有兩屬的情況，您要怎麼辦？請早下決心。要把國家傳給大叔，那麼就讓我奉事他為君；如果不傳給他，就請除掉他。不要使人民產生二心。」

莊公回答說：「你不用擔心，也不用除他，他自己將要遭禍的。」

此後，叔段又將他的地盤向東北擴展到與衛國接壤的廩延。此時，大將子封來見莊公，說：「應該除掉叔段了，讓他土地再擴大，就要失掉民心了。」

莊公都說：「他多行不義，人民不會擁護他。土地雖然擴大了，但一定會崩潰的。」

叔段見莊公屢屢退讓，以為莊公怕他，便更加有恃無恐。他聚集民眾，修繕城廓，收集糧草，修整武器裝備，編組戰車，並與母親姜氏約定日期作為內應，企圖偷襲鄭國，篡國奪權。

莊公對叔段的一舉一動早已看在眼裡，並有防備。當他得知叔段與姜氏約定的日期後，就命大將子封率領二百乘兵車提前進攻京邑，歷數叔段叛群罪行，京邑的人民也起來響應，反攻叔段，叔段棄城而逃，先逃到鄢後又逃到共邑。莊公引兵攻打共邑，叔段畏罪自殺，其母姜氏也因無顏見莊公而離開宮廷，出居潁地。

知人性第三

人心難測　甚於知天

人心難測，甚於知天；腹之所藏，從何而顯？惟人才的分鑒識賞不易，而人才的觀審入微尤難。孔子以貌取人，失之宰予；以言取人，失之子羽，何況常人乎？諸葛亮在這裡提出了知人的七種方法。知人不易，用人尤難，知無不盡，用無不當，則難之尤難。知人不易，受知更難！

〔原　文〕

夫知人性，莫難察焉。善惡既殊，情貌不一，有溫良而為詐者，有外恭而內欺者，有外勇而內怯者，有盡力而不忠者。然知人之道有七焉：一曰，間之以是非而觀其志；二曰，窮之以辭辯而觀其變；三曰，咨之以計謀而觀其識；四曰，告之以禍難而觀其勇；五曰，醉之以酒而觀其性；六曰，臨之以利而觀其廉；七曰，期之以事而觀其信。

〔譯　文〕

世間沒有比真正了解一個人更困難的事。各人的善、惡程度不同，本性與外表也不是統一的。有的人外表溫良而內實奸詐，有的人外表恭謙而心懷欺騙，有的人外似勇敢而內實怯懦，有的人看起來能盡全力而實不忠。然而，要了解一個人的本性，可以從七個方面下手：

一、用離間的方法而觀察他的志向；二、用激烈的言辭故意激怒他，而觀察他氣度與應變能力；三、詢問他對某個計劃方面的意見，考察他的勇氣與膽略；四、告訴他禍難將至，而觀察他的勇氣；五、利用喝酒的機會使他大醉，從而觀察他的本性與修養；六、以利益引誘他，從而考察他是不是清廉；七、將事情交給他處理，從而觀察他是不是守信用。

善惡既殊　情貌不一

俗語云：「畫虎畫皮難畫骨，知人知面不知心。」難怪作爲歷史上傑出的人才之士諸葛亮先生，也發出了「了解人的本性是一件很難之事」的感慨。大概是他被馬稷的誇誇其談，征伐南蠻時出的謀策所迷惑，讓馬稷守街亭，慘敗之後，諸葛亮不得不冒險用空城計。從而寫出《知人性》警戒後人，而不無關係吧！

所以說識人是用人的前提，人們常常談及到的「知人善任」，可以說是關係到國家的命運，政權的穩固，人民幸福的大事。身爲領導者或是企業家不了解這點，怎麼談得上知人善任呢？身爲軍事官員不能了解這點，何以談得上領兵作戰，克敵制勝呢？

秦王政派李信率二十萬軍隊去攻打楚國。王翦料定李信必敗，秦王政現在雖聽不見他的意見，將來一定會採用的。

果然不出王翦所料，李信帶領二十萬秦軍攻打楚國，先小勝，然後大敗，被楚軍連破二陣，將領戰死七人，士兵死傷無數。李信率殘部狼狽逃回秦國。

秦王政盛怒之下，立即把李信革職查辦。秦王政畢竟是一代雄主，他不是僅僅後悔當初沒有採納王翦的意見，而是立即下令備車駕，親自去王翦的家鄉，請王翦復出，帶兵攻楚。出兵之日，秦王政親率文武百官到首都郊區灞上為王翦擺酒送行。

飲了餞行酒後，王翦向秦王政辭行，秦王政見王翦唇齒翕動，似有話要說，趕忙問道：「王將軍有何事不妨對寡人講一講。」

王翦裝出一副惶恐的樣子說：「請大王恩賜些良田、美宅與園林給臣下。」

秦王政聽了，有些好笑說：「王將軍是寡人的肱股之臣，目下國家對將軍依賴甚重，寡人富有四海，將軍還擔心貧窮嗎？」

王翦卻又分辯了幾句說：「大王廢除了三代的裂土分封的制度，臣等身為大王的將領，功勞再大，也不能封侯，所指望的只有大王的賞賜了。自大軍出發至抵達秦軍東部邊境為止，王翦又先後派回五批使者，向秦王政要求：多多賞賜些良田給他的兒孫後輩。

王翦的部將們都認為他老邁昏聵了，胸無大志，整天只想著為兒孫罷辦產業。有位心腹部將忍不住對他說：「將軍這樣頻繁地要求賞賜，也太過份了吧。」

王翦說：「你說得不對，我這樣做是為了解除我們的後顧之憂。大王生性多疑，為了滅楚，他不得不把秦國全部的精銳部隊都交給了我，但他並沒有對我深信不疑。一旦他產生了疑念，輕者，剝奪我的兵權，這將破壞了我們的滅楚大計；重者，不僅滅楚大計成為泡影，恐怕我和諸位的性命也難保。所以，我不斷向他要求賞賜，讓他覺得我絕無政治野心。」

秦王政果然因此而相信王翦沒有異心，放手讓他指揮六十萬大軍，發動滅楚戰爭。僅用一年多時間，王翦就攻下了楚國的最後一個都城壽春，俘虜了楚王熊負芻，兼併了秦國最大的對手楚國。

北宋年間，北疆外的西夏和遼（即契丹）逐漸興起。公元一〇四四年，遼國夾山部落八百戶叛遼歸西夏，遼主耶律宗真向西夏主趙元昊索歸八百戶人馬。趙元昊不答應，兩國因此大動干戈。

交戰初期，遼國依仗佔優勢的兵力，連連取勝，西夏被迫從賀蘭山敗退。遼國窮追四百餘里不捨，趙元昊見力戰難以取勝，心生一計，寫下「議和書」，派使者送至遼營，向耶律宗真和韓國王蕭惠求和。與此同時，趙元昊下令將所有的糧食帶走，繼續後退，還四處放火，將牧草一燒而光。

遼軍韓國王蕭惠接到「議和書」後，放聲冷笑不止。「議和書」上寫道：「……夏兵接連數敗，已無力再戰，請求韓國同意罷戰議和……」蕭惠對西夏使者說：「早知如此，何必當初。現在才想求和，晚了！」

蕭惠揮師直到西夏大營，但所到之處，早已人去營空，只有一片焦土、漫漫煙霧。蕭惠氣急敗壞，率兵急追，耶律宗真緊隨其後。遼兵追趕幾十里後，又是只見一片焦土，幾座空營。

如此數次，遼軍又追趕西夏軍前進了一百餘里。趙元昊不給遼軍留下一粒糧食、一束牧草，遼大軍深入西夏腹地，人斷糧、馬斷草，飢渴難耐，又困又乏。就在這時候，趙元昊指揮西夏大軍猶如從天而降，從四面八方合圍上來。

遼軍已是強弩之末、又兼無糧無草，頓時兵敗如山倒。趙元昊乘勝追擊，殲滅耶律宗真的大軍，耶律宗真只率親信數人逃出一死。

將才第四

道外無眞才　眞才不外露

天地不拘限人，人自拘限於天地。順天命與安天命的人，乃是凡夫、庸才；制天命與勝天命的人，才是聖賢、豪傑。

將領的才能可以分爲九類，有仁將、義將、禮將、智將、信將、步將、騎將、猛將、大將，作爲國王應該善於選拔人才，使用人才。

〔原　文〕

夫將材有九。道之以德，齊之以禮，而知其飢寒，察其勞苦，此之謂仁將。事無苟免，不為利撓，有死之榮，無生之辱，此之謂義將。貴而不驕，勝而不恃，賢而能下，剛而能忍，此之謂禮將。奇變莫測，動應多端，轉禍為福，臨危制勝，此之謂智將。進而厚賞，退有嚴刑，賞不逾時，刑不擇貴，此之謂信將。足輕戎馬，氣蓋千夫，善固疆埸，長於劍戟，此之謂步將。登高履險，馳射如飛，進則先行，退則後殿，此之謂騎將。氣凌三軍，志輕強虜，怯於小戰，勇於大敵，此之謂猛將。見賢若不及，從諫如順流，寬而能剛，勇而多計，此之謂大將。

〔譯　文〕

將帥的才能，可以分為九類：

一、以自己的道德行為教育部屬，以禮法規範部下，對部下的關懷無微不至，並能與他們同甘共苦，這樣的將帥是仁將。

二、行事不只圖眼前，有長遠見識，做事不馬虎，不被利益所誘惑，寧可為榮譽獻身，也不屈膝求全，這樣的將領是義將。

三、身居高位而不盛氣凌人，功勛卓著而不驕傲自大，道德賢良而能謙讓地位低於自己的人，性格剛直而能容納他人，這樣的將領是禮將。

四、運用戰術能高深莫測，足智多謀，身處逆境而能轉禍為福，面對危難而能化凶為吉，這樣的將帥是智將。

五、忠誠守信，對有功人員施以重賞，對有過人員施行懲罰，獎賞分明並不拖延，不論地位高低該罰必罰，這樣的將帥是信將。

六、身手矯健、俐落，衝鋒陷陣快如飛箭，氣概豪壯能勝千夫，忠心保衛國家，並善於用劍戟，這樣的將帥是步將。

七、能登高地履險地，馳騁戰場射箭飛快，進攻時身先士卒，後退時則殿後，這樣的將帥是騎將。

八、氣蓋三軍，所向無敵。對待小的戰役也能小心謹慎，面對強敵都是愈戰愈勇，這樣的將帥是猛將。

九、面對賢者能虛心求教，對他人的建議從諫如流，廣開言路，待人寬厚而又正直，勇猛、果斷而又有智謀，這樣的將帥是大將。

寬而能剛　勇而負計

眞正做到了仁、義、禮、智、信以及有寬闊之胸懷和修養，就是才德兼備之人。身爲將帥，不僅要具備這些，還要有「氣凌三軍」的勇氣，有壓倒強敵的氣概，臨戰能身先士卒，如此，堪稱全軍楷模。

善於選拔人才，使用人才，使所用之人能揚長避短，充分發揮各自的作用。能用人之所長，則像好鋼用在刀刃上，適得其所，鋒利無比。劉邦能擊敗驍勇善戰的項羽，最大的原因就是在於他善於選拔人才，任用人才。

就人才來說，魯訊先生認爲百分之九十九是血汗，百分之一才是天賦。俗話云：「天才出於勤奮，知識在於積累。」才，只有屬於刻苦學習，認眞鑽研之人。

李淵在長安登基稱帝不久，在隴西稱帝的薛舉統領大軍進攻涇州。高宗命秦王李世民統兵拒敵。此時正值李世民患了瘧疾，不能領兵作戰。於是，派納言劉文靜和司馬殷開山代掌兵權，並一再叮囑他們不要輕易出戰。可是，劉、殷二人狂妄自大，不把李世民的囑咐放在心上，竟然在高墌炫耀兵力，結果被薛舉偷襲吃了個大敗仗，一時之間，賊勢十分猖獗，在兵力上也大佔優勢。

李世民瘧疾好後對眾將宣諭說：「我軍新敗，士氣沮喪，賊正持勝而驕，輕視我軍。我宜閉壘自固，養足銳氣，彼驕我奮，乃可克敵。」隨後，秦王李世民便派行軍總管梁實移營淺水源，誘敵來攻。敵軍大將果然派出全部精兵圍攻梁實營寨，連攻數日，未能攻破。

李世民又派出右武侯大將軍龐玉到淺水原南面列陣，並面授機宜。宗羅睺仗恃人多馬眾，又移兵圍攻龐玉，正當危急之時，李世民親自領兵前來支援，眾將士氣大振，殺得敵人四散奔逃。李世民接著選出精兵二千，由他親自帶領，窮追敵軍。他舅舅勸他據城堅守，不要輕進，李世民卻說：「我已深思熟慮，籌劃好了。今天的戰勢，我已是勢如破竹，機不可失。」隨即帶兵進攻薛仁杲據守的折墌城。結果，當天夜裡就迫使敵人開城投降了。

公元前六五六年春，管仲率領軍隊，藉討蔡為名，想乘機襲擊楚國，以制服楚國。可是，管仲手下將士豎豹接受了蔡國的賄賂，將軍事機密告訴了蔡軍。蔡侯聽了大為驚訝，立即向楚成王報告了管仲的計謀。

當齊軍來到邊界時，楚國大夫屈完已經等候在那裡，管仲料定有人洩漏了消息，便臨機而決，放棄原來的計劃，改為同楚使談判。屈完開言道：「齊楚各治其國，齊國居於北海，楚國居於南海，風馬牛不相及，不知道齊軍為什麼侵入我國？」

管仲義正詞嚴的說：「昔日周成王分封諸侯，我先君姜太公封於齊，並賜先君之職。自從周室東遷，諸侯放恣，齊君奉命主盟，修復先業。楚國處於南荊，應當歲貢包茅，以助王祭。現在楚國貢缺，王祭無以縮酒，這次征討正是為此。且周昭王南征而不返，也是你們楚國的緣故。你如何能推卸責任？」

屈完應答道：「周失其綱，朝貢廢缺，天下都是這樣，豈只是楚國？雖然如此，不貢包茅，我們也承認這樣做不對了。但周昭王不返是他所乘膠舟不牢固的緣故，我們國君不敢隨便引咎請罪。這些我會回復楚君的。」說完便驅車退回去了。

經過此番舌戰，管仲發現只靠談判還不能解決問題，要使楚軍屈服，還必須依靠相應的軍事手段。於是，傳令會合的八國之師一同進發，直抵陘山。隨即安下營寨，不再前行，同行的諸侯對管仲不繼續進兵迷惑不解，管仲解釋說：「楚國既然已派使臣過來，必然有所準備，如果我們冒進，恐難以取勝。如今我們駐紮在這時，觀望形勢，而楚國卻懼怕我們人多勢眾，定會再次派人來講和。楚國如果歸服了，我們此次征戰的目的不也就達到了嗎？」

果然，楚成王見齊國聯軍停留不進，認為必有謀劃，於是，派屈完往齊軍營請求休戰。屈完面見齊桓公，說明來意。齊桓公答應講和，屈完稱謝後向楚王報告。楚成王備了八車金帛，犒勞八路大軍。還準備了一車包茅，去向周天子進貢。管仲隨即下令班師。

在返回的路上，鮑叔牙問管仲：「楚國君主，妄自尊大，目無天子，你怎麼只講了他們不貢包茅的事他們就講和了，我不大明白。」

管仲笑了笑說：「楚國尊大稱王已有三世的歷史，我如果責備其僭越，楚君肯俯首聽命於我嗎？如果楚國不服，必然要交兵，這樣一來，後患將數年難解，南北各方從此也就沒有安寧的日子了。」的確，此次出征，管仲根據不同的情況，靈活的變換策略，當戰即戰，當和就和，終於達到了討楚、服楚的目的。

將器第五

才大器大　器大將大

上帝創造了人與天地，我們也能改造與重新建立人與天地之心。人人共有一片天地，人人亦各有一天地。惟有能開創天地的人，才是超越古今的豪傑志士。

將領的器——可以分成幾種，有十夫之將、百夫之將、千夫之將、萬夫之將、十萬人之將、天下之將，他的作用與本領有很大的不同。

〔原　文〕

將之器，其用大小不同。若乃察其奸，伺其禍，為衆所服，此十夫之將。夙興夜寐，言詞密察，此百夫之將。直而有慮，勇而能鬥，此千夫之將。外貌桓桓，中情烈烈，知人勤勞，悉人飢寒，此萬夫之將。進賢進能，日慎一日，誠信寬大，閑於理亂，此十萬人之將。仁愛洽於下，信義服鄰國，上知天文，中察人事，下識地理，四海之內，視如室家，此天下之將。

〔譯　文〕

將領的氣度與氣質有所不同，其作用與本領也有大小的區分。若是能覺察到他人的奸猾，窺測到事物潛伏的危害及禍端，則能為部屬所信服。這樣的將領則是十夫之將。如果能早起晚睡，整天為公事操勞，言辭小心謹慎，能傾聽部屬的心聲，這樣的將領則是百夫之將。為人正直而又能深謀遠慮，勇敢善戰，這樣的將領則是千夫之將。外貌威武堂堂，內心蘊藏著豐富的感情，性格光明磊落，能懂得他人的辛苦勤勞與努力，又能關心他人的飢飽溫暖，這樣的將領則是萬人的將領。

薦舉賢能，能時時刻刻嚴格要求自己，不斷地修德進業、充實自己，為人忠誠守信，寬懷大度，亂世年代也善於治理，這樣的將領為十萬大軍的統帥。能用仁愛之心對待人們，又能守信用而使鄰國誠服；精通天文，善於處理各界人際關係；熟知地理，心懷四海，運籌帷幄，如同料理家務一樣自如，這樣的將領為天下的將帥，能夠整治天下。

運籌四海　天下之將

施仁愛於天下，守信義感服四方鄰國，精通天文地理，善於識人用人，能以四海爲家，以天下爲己任。這不是普通將領，乃是諸葛亮稱謂的統帥三軍之才，治國安邦的棟梁。

國家要想發達、強大，要想長治久安，必須選拔、造就這樣十分難得的人才。一個國家具有這樣的人才，乃是國家的大幸。

「人往高處走，水往低處流。」哪個人不嚮往美好？哪個人不憧憬未來？哪個人不想成才？

成才之心，人皆有之，不想成才者，就是懦夫懶漢。拿破崙說：「不想當元帥的士兵，不是好士兵。」要想當元帥就得用現代化的科學知識武裝自己，就得埋頭苦幹，灑下自己的血汗，一步一個階梯。

漢景帝剛做皇帝時，李廣任上郡太守。這段時間匈奴軍隊大舉入侵。

一天，手下人報告說有三個匈奴人在附近騷擾，而且都是善於射箭的射鵰能手，李廣馬上帶領近百個騎兵去追擊射鵰者。突然看見幾千匈奴士兵黑壓壓一片，正在向他們身邊移動。

李廣手下的少量人馬見這麼多匈奴人馬近在眼前，顯得有些慌亂，都準備逃命。李廣卻神態自若地說：「不能慌張，敵人嚴陣以待，看來不知我們的虛實。倉皇後退不就露了我們馬腳。現在我們只有險中求安，將計就計了。」說完，李廣果斷命令——「前進」。

兩軍距離漸漸拉近，已不過二、三里路光景。李廣面帶笑容，胸有成竹，大聲說道：「弟兄們，下馬解鞍，隨便休息吧！」聽到這樣的命令，漢軍大惑不解，忍不住發出疑問：「李將軍，大敵當前，怎麼能如此輕鬆，毫無準備？一旦敵人衝過來我們必死無疑哩！」

李廣淡淡一笑說道：「敵人正注視著我們的行動，我們越是大膽，敵人越是迷惑，誤認為我們是誘敵之兵，不敢與我們交戰。只有這樣，我們方能平安回到上郡。」士兵們茅塞頓開，內心裡由衷地贊嘆李將軍大智大勇，一個個下馬解鞍。

匈奴軍先就對李廣等人捉摸不定，看見這少數漢軍，膽大妄為，根本不把他們放在眼裡，更加深信李廣的軍隊不過是疑軍，大批漢軍肯定就在附近。匈奴兵變得小心翼翼，絲毫不敢莽撞出戰。

李廣的疑兵妙計鎮住了敵人的千軍萬馬。天漸漸黑暗，夜幕降臨，匈奴兵被李廣的少數人馬搞得摸不著頭腦一直按兵不動，不敢交戰。

拂曉時分，李廣和手下的近百個士兵終於化險為夷，平安回到上郡。

漢景帝即位不久，吳王劉濞勾結早已蓄謀造反的六個諸侯王，統率二十萬大軍，勢如破竹地殺向京城。漢景帝任命中尉周亞夫為前軍統帥，火速趕往前線，擋住劉濞。

周亞夫情知戰事險危，只帶了少數親兵，駕著快馬輕車，匆匆向洛陽趕走。行至灞上，周亞夫得到密報：劉濞收買了許多亡命之徒，在京城至洛陽的崤澠之間設下埋伏，準備襲擊朝廷派往前線的大將。周亞夫果斷避開崤澠險地，繞道平安到達洛陽，進兵睢陽，佔領了睢陽以北的昌邑城，深挖溝、高築牆，斷絕了劉濞北進的道路。隨後，又攻佔淮泗口，斷絕了劉濞的糧道。

劉濞的軍隊在北進受阻之後，掉頭傾全力攻打睢陽城，但睢陽城十分堅固，而且城內有足夠的糧食和武器。守將劉武因為得到了周亞夫的配合，率漢軍拚死守城，劉濞在睢陽城下碰得頭破血流後，又轉而去攻打昌邑，以求一逞。

周亞夫為了消耗劉濞的銳氣，堅守壁壘，拒不出戰，劉濞無可奈何。

漸漸地，劉濞糧道被斷，糧食日見緊張，軍心也開始動搖。劉濞害怕了，他調集全部精銳，孤注一擲，向周亞夫堅守的壁壘發起了大規模的強攻，戰鬥異常激烈。

劉濞在強攻中採取了聲東擊西的戰略，他表面上是以大批部隊進攻漢軍壁壘的東南角，實際上將最精銳的軍隊埋伏下來準備攻擊壁壘的西北角。但是，周亞夫棋高一著，識破了劉濞的計策，當堅守東南角的漢軍連連告急請派援兵時，周亞夫不但不增兵東南角，反而把自己的主力調到西北角。果然，劉濞在金鼓齊鳴之中，突然一擺令旗，傾其精銳，以排山倒海之勢向壁壘西北角發起猛攻，而且一次比一次更猛烈。

激戰從白天一直打到夜晚，劉濞的軍隊在壁壘前損失慘重，將勇氣和信心喪失殆盡，加之糧食已經吃光，只好準備撤退。周亞夫哪肯放過這一大好時機，他命令部隊發起全面進攻，只一仗就把劉濞打得落花流水。劉濞見大勢已去，帶著兒子和幾千親兵逃往江南，不久就被東越國王設計殺死。

周亞夫乘勝進兵，把其餘六國打得一敗塗地。楚王、膠西王、膠東王、淄川王、濟南王和越王先後自殺身亡，一場驚天動地的「七國之亂」就這樣被平息了。

周亞夫在國家處於生死存亡的關鍵時刻，以其大智大勇，力挽狂瀾，保住了漢朝的江山。

將弊第六

為將先除心中弊

一生處於貧賤之中，亦為一至尊貴而具有光彩的貧賤。道德仁義、學問、人格，均須自求於內，惟自我培養、自我建立方可得到。此乃他人不可賜，上帝亦不可賜。作為一個將帥，一定不要沾染八種弊端，一定要去除八種弊端。

〔原　文〕

夫為將之道，有八弊焉。一曰貪而無厭，二曰妒賢嫉能，三曰信讒好佞，四曰料彼不自料，五曰猶豫不自決，六曰荒淫於酒色，七曰奸詐而自怯，八曰狡言而不以禮。

〔譯　文〕

將帥之道，有八種弊端：一、對財物的需求永不滿足，貪得無厭。二、對賢德有才能的人非常嫉妒。三、聽信讒言，親近巧言諂媚的小人。四、能分析敵情，卻不能正確估量自己的實力。五、遇事猶豫不決，不能果斷處理。六、沉溺於酒色而不可自拔。七、為人虛假、狡詐而又膽小怕事。八、狡猾而又傲慢，不依從制度行事。

貪得無厭　虛僞狡詐

金無足赤，人無完人。再偉大的領導者，也是一個活生生的人，都不是不食人間煙火之神。既不是神，那麼，身上總會有這樣或那樣的缺點。這些弊端是：

一是貪心不足，既要名，又要利，撈了銀子還想撈金子。當了宰相還想當皇帝。二是嫉賢妒能，害怕他人強於自己。三是聽信讒言，耳根軟，沒有自己的主見。四是料己不料彼，說及他人振振有詞，對自己缺乏了解。五是優柔寡斷，缺少主心骨，前怕狼後怕虎，患得患失。六是好酒貪色，沉溺其中不能自拔。七是性情奸詐，挑撥離間。八是強詞奪理，不依法從事。臭要面子，死不認錯。

沾染上這些病害之人，只有迅速徹底消除掉，才不失為一個眞正的聰明之人，才能成為一個所向無敵的將領。

趙高本是秦始皇身邊的一個宦官，曾跟隨秦始皇東巡。當秦始皇死在巡視路上時，趙高私自篡改秦始皇的遺詔，勾結丞相李斯，害死本應繼位的大公子扶蘇，立秦始皇的幼子胡亥為二世皇帝。就這樣趙高趁機把持了政權。

為了鞏固手中大權，趙高慫恿胡亥賜死掌管兵權的大將蒙恬和他的弟弟蒙毅，隨後又害死了秦始皇的十幾個兒子和許多舊臣，形成了趙高在朝中獨攬大權的局面。為了完全控制朝政，趙高又蒙騙胡亥說：「貴為天子，按理，只能讓大臣聽見聲音，而不能讓他們見面。」

從此胡亥更加不理朝政，只顧盡情享樂，而趙高更是一手遮天，獨攬朝政大權，連傾權一時的李斯也給害死了。胡亥的種種暴行激起了全國民眾的反抗，秦朝政權已危在旦夕，趙高卻對胡亥封鎖消息，甚至演出「指鹿為馬」的把戲，挾持秦二世胡亥。後來，胡亥只當政不到三年便斷送了強秦政權，自己也成了趙高的刀下之鬼。

公元一四四九年秋天，重新統一了蒙古各部落的瓦剌部落入侵明朝的北部邊境。消息傳入京都，明英宗朱祁鎮慌忙召來最受寵信的太監王振入宮商議。

明英宗自九歲開始當皇上，凡事都依賴王振，時年已二十三歲，萬事還都離不開王振，大權已落入王振手中。

王振見明英宗一籌莫展，不由放聲大笑，道：「區區幾個瓦剌兵何足齒！只要皇上親自出征，管保瓦剌軍望風而逃。」

明英宗對王振百依百順，見王振說得這麼輕巧，也認為出師必捷，馬上表示同意。文武大臣聽說皇上要親自出征，紛紛跪倒在皇宮午門外懇求英宗收回成命。明英宗聽信王振一人之言，竟下令將勸諫的大臣治罪，自此再無人敢上朝勸諫。

王振從全國各地緊急調集了五十萬人馬，出居庸關向西進發。由於倉猝行事，將士們連秋衣都沒有準備。進入山區後，山路崎嶇，又逢秋雨連綿，將士們又累又冷，叫苦不堪。瓦剌軍見英宗親征，採取了誘敵深入的方針。

明英宗一切都聽王振的，王振不懂行軍作戰之事，還以為瓦剌軍畏怯懼戰，竟趾高氣揚地說：「御駕親征，戰無不勝，攻無不克，瓦剌軍果然害怕了！」

明英宗率大軍長驅直入，後勤供應不足，許多士兵病死、餓死，士氣低落到極點。瓦剌軍首領也覺得時機已到，在深山峽谷中設下埋伏，待明軍的先鋒軍隊進入埋伏圈後，突然發起攻擊，將先鋒井源的隊伍一舉殲滅。西寧侯朱英和武進伯朱冕急忙趕去增援，也遭到全軍覆滅的厄運。消息傳到王振耳中，王振急忙命令部隊後退。不料，也先率二萬鐵騎越過長城在宣府（今河北宣化）追上明軍。王振慌忙派成國公朱勇迎戰，朱勇不敵瓦剌軍，本人戰死，三萬兵馬被也先全殲。

明軍退到距懷來縣城二十餘里的土木堡時，王振發現自己從大同搜刮來的一千多車財物沒有到達，下令在土木堡紮下營寨，等候他的財物。也先馬不停蹄地追趕上來，於第二天拂曉向明軍發起攻擊，明軍都督指揮使郭懋等人拼死抵擋，傷亡重大，才勉強扼止住瓦剌軍的衝擊。

也先見硬攻不下，佯作退卻，提出與明軍講和。王振大喜過望，接受了也先的講和條件。由於瓦剌軍控制了水源，明軍幾十萬軍隊的飲水成了大問題，講和之後，王振下令把軍隊移向河邊紮營，明軍幾十萬軍隊，人人爭先向河邊跑去。也先見明軍陣勢大亂，出動鐵騎，從四面向明軍發起猛攻，土木堡前頓時變成一片血海。

護衛將軍樊忠眼見明軍敗局已定，怒髮衝冠，大吼一聲：「我為天下誅此賊！」一錘把王振擊斃，明英宗長嘆一聲，坐在草地上，束手就擒。

土木堡一戰，明軍數十萬軍隊毀於一旦，明英宗及數十名文武大臣成為瓦剌軍的俘虜。

將志第七

志不立則事不成

世間眾生之所以為眾生，則在於無大志而已。

志蓋天下方可成天下，氣蓋天下方可理天下，學蓋天下方可導天下，德蓋天下方可化天下。

為將者必須立志「不恃強、不怙勢、不恃寵、不懼辱、不貪利、不淫樂」，立志「以身殉國，一意而已」。

〔原　文〕

兵者凶器，將者危任，是以器剛則缺，任重則危。故善將者，不恃強，不怙勢，寵之而不喜，辱之而不懼，見利不貪，見美不淫，以身殉國，壹意而已。

〔譯　文〕

軍隊是國家的凶器，將領肩負著重大責任。所以說兵器過於剛硬，就容易缺損，將領的責任重大就會有危險。所以好的將領不自恃部隊的強大，不以受到君主的寵愛而得意忘形，受到人們的誹謗侮辱，也不懼怕、畏縮，見利而不起貪心，看到美女而不生邪念，只是一心一意地保護著國家，以身殉職，死而後已。

以身殉國　一意而已

爲人重在立志，立下了志向就有奮鬥目標，古人云：「有志者，事竟成！」自古軍人的觀念就是：毫無自私自利之心，把自己的一切奉獻於人民，奉獻於國家。那些身居高位，身負國家重任之人，必須具備這樣的品德修養，才能不辜負國家、人民的重托。

然而諸葛亮告誡人們：不恃強，不怙勢、不恃寵、不懼辱、不貪利、不淫樂。立志「以身殉國，一意而已」。

把苦難作爲磨煉意志的磨刀石，把不幸作爲促進人們成熟的催化劑，把失敗作爲通向成功的必經之路。這樣的品格、風度，可以說是堅毅、慷慨。對於意志堅毅、慷慨之人，困厄總是誕生著奮鬥，失敗總是孕育著成功，苦難總是催化著崛起。有無數人在逆境中怯懦地倒下，悄然地消沉，誠是可嘆可惜。

明朝的于錦標是朱元璋帳下的一員戰將，他對於朱元璋起義並建立明朝可說是有特殊貢獻。正因為功高，于錦標便恃強而驕，恃寵而橫，鑄成了大錯。

在徐達為帥時，于錦標根本沒把他放在眼中。徐達升帳點卯他也不去，又命中軍官拿著令箭去調于錦標立即上帳。于錦標居然把令箭撅斷了，又把大帳外面有徐達親筆字的兩面大旗砍倒，接著，把兩道轅門、三道轅門的大旗全砍了，按軍令，按于錦標自己的狂言，于錦標都該斬。眾將官以及朱元璋再三求情，又恰逢脫脫大軍到達，最後總算有了妥協的辦法。

元軍在城外叫戰，徐達下令高掛免戰牌，而于錦標卻說：「兵至城下，你身為元帥，為什麼懼怕敵兵，不敢出戰？」

徐達說：「元朝大帥脫脫，武藝出眾，英勇無敵，又有四寶護身；而且元軍新到，銳氣正盛。本帥閉門不戰，正是要挫敵銳氣，待其疲憊之時，再戰而勝之。」

于錦標聽了，冷笑一聲說：「你身為元帥，長他人志氣，滅自己威風，還能打什麼勝戰！徐達，你若能饒我暫時不死，我于某情願去元軍，斬脫脫的首級獻於帳下！」並要求雙方立下軍令狀。

于錦標確實也不是等閒之輩，他帶兵出戰，連斬元軍四員大將，與脫脫也打了個難捨難分。然而，他傲氣太盛，海口已經誇下，便急於求勝，最後中了元軍之計，被鐵車陣困住，方得徐達的外甥姜忠路過將他救出。于錦標最終也未能斬下脫脫首級，後來在滁州城下自刎而死。這個教訓讓人深思，讓人猛省。

明朝末年，老百姓生活在水深火熱之中，紛紛揭竿而起。公元一六四〇年七月，張獻忠率領農民起義軍攻入四川，明朝主力大軍全部入四川圍剿，河南一帶的防務變得十分脆弱。農民起義軍領袖李自成趁此機會迅速壯大了自己的力量，並且連續取得攻克宜陽、偃師、新安等城池的勝利。

宜陽、偃師和新安屬豫西重鎮洛陽的外圍。明朝福王朱常洵就住在洛陽。朱常洵的母親是神宗朱翊鈞的愛姬，朱翊鈞愛屋及烏，對朱常洵也格外寵愛，把大量金銀財物賞賜給朱常洵。朱常洵金銀無數，卻異常吝嗇，不但洛陽城的百姓怨恨他，就是他府中的兵士也時有不滿。官府的軍隊大多抽調入四川去平定張獻忠，洛陽城中已無多少將士，因此，洛陽城在這個特殊時刻，變成了一座「兵弱而城富」的重鎮。

李自成當然不會輕易放過攻取洛陽城的大好機會。公元一六四一年正月，李自成率起義軍兵臨洛陽城下，拉開了攻城的序幕。

生死關頭，福王朱常洵竟只顧自己，調集親兵保護府庫，對於城頭上的戰事不聞不問。守城將領一再要求朱常洵發放銀兩，犒賞守城士卒，朱常洵下狠心才撥出了三千兩白銀，可是，區區三千兩白銀還被總兵王紹禹等人吞沒了。朱常洵忍痛又撥了一千兩，士兵們將兵備道王允昌捆綁起來，將城樓燒毀，又大開北門，迎接起義軍入城。

總兵王紹禹見大勢已去，倉惶跳城逃命，福王也企圖棄城逃跑，但沒跑多遠，就被起義軍抓獲。

將善第八

樂善不倦　從善如流

完美的人，高尚的品德，是從實際生活中鍛鍊出來的。有高尚的道德，才能有高尚的人格，有高尚的人格，才有高尚的人生。「五善」與「四欲」，是為將必備的素質。優秀的將領必須擅長「五善」，力求「四欲」。

〔原　文〕

將有五善四欲。五善者，所謂善知敵之形勢，善知進退之道，善知國之虛實，善知天時人事，善知山川險阻。四欲者，所謂戰欲奇，謀欲密，眾欲靜，心欲一。

〔譯　文〕

將帥應該具備「五善四欲」。五善是：善於了解敵人的兵力部署，善於正確斷別進攻、撤退的時機，善於了解作戰雙方的國家實力，善於了解天時及對我方有利之機，善於利用山川險阻。四欲是：作戰要出奇制勝，謀略要周密，人多事雜要鎮靜謹慎，保持全軍團結一致、同心協力。

擅長「五善」　力求「四欲」

將帥，是國家的棟梁，部隊之軀幹，是事業成敗、戰爭勝負的關鍵。一位具有良好素質的將領，不僅要有崇高之德，還應有博學之才，超人之智，還應該勤奮鑽研業務，善於總結經驗。並且還要有五種專業技能：

一是善知敵人形勢，二是善知進退之道，三是善知國家的虛實，四是善知天時、人事，五是善知山川險阻。

優秀的將領還要具備四種特點：

一是軍隊以奇計爲謀，以絕智爲主。作戰時如高手對弈，往往有妙著取勝。二是做出的部署、計劃，要周密、謹慎、無懈可擊，方可穩扎穩打，百戰不殆。三是不急躁、不衝動，冷靜地觀察事態發展變化，以不變應萬變，縱然事情千頭萬緒，衆人千口百舌，當頭的仍保持清醒的頭腦。四是心志始終如一，正確目標確定之後，選定奇妙的計謀，則堅定不移。如果心猿意馬，朝令夕改，半途而廢，則大事、大業難成。

鹿耳門在臺灣島的西南部的安平港，這個港的內港叫臺江。這裡是荷蘭殖民統治的重要據點。從海外進入臺江有兩條通道，一是經過一鯤身和北線尾之間的大港，一是經過鹿耳門。大港海口寬，水深，便於航行，但荷蘭人派有重兵把守，又有大炮和鐵甲船，防守嚴密。鹿耳門水淺，漲潮時水深一丈四、五尺，退潮時則不足一丈，而且航道曲折狹窄，海底多沙石淺灘，很難航行。荷蘭人認為這是攻不進的天險，根本不用設防。

鄭成功偏偏把登陸點選在這個「天險」之地。船隊果然順利地到達鹿耳門，很快便在臺江沿岸建立了灘頭陣地，切斷了敵軍的交通要道。

鄭成功的軍隊好像從天而降，荷蘭人慌了手腳，忙出動鐵甲船阻擊。敵軍炮火十分猛烈，而且船堅體大，不好對付。

對此，鄭成功早有準備，利用自己船小靈活的特點和敵人周旋，讓敵艇不能發揮威力；同時，把小船上裝好的引火之物點燃，讓這些行駛如飛的「火艇」衝向敵艦。敵艦不是被燒毀就是被擊沉。潰不成軍，連艦隊司令官彼特爾也被中國義軍劈死了。

這一仗，鄭成功率領的義軍大獲全勝，不但登陸成功，而且消滅了幾百名荷蘭侵略軍。

北宋靖康元年，金軍攻克宋都城汴京（今河南開封），將徽、欽二帝俘虜而去。第二年宋高宗趙構即位，史稱南宋。趙構起用主戰派將領，收復了汴京，並任命將軍宗澤為汴京留守。這一年的十月，金軍再次南下，趙構倉惶逃到揚州，將汴京城留給了宗澤。

金軍在迅速占領秦州（今甘肅天水）至青州（今山東北部）一線的許多重鎮後，兵臨汴京城下。但城頭旌旗獵獵，而城內卻毫無戰爭的景象：做生意的做生意，娶媳婦的娶媳婦，大街小巷，人來人往，一派安詳。金軍統帥疑心頓起，認為城內有詐，下令暫緩攻城。

原來，金軍逼近汴京的消息傳至汴京後，汴京上下人心惶惶，宗澤的僚屬們也都沉不住氣了，但又不見宗澤的身影，只好相約去宗澤府邸找宗澤探察虛實。不料，入府一看，宗澤正在跟一位客人下圍棋，那種專注神情彷彿壓根兒不知道金人打來一樣。眾人大惑不解，連連向宗澤報警。

宗澤笑道：「我們收復汴京後，招募了眾多抗金義士，在汴京城外修築了二十四座堡壘，沿護城河構築了堅固的堡壘群，還製造了一千二百輛決勝戰車，足可與金軍決一死戰。眼下敵軍來勢洶洶，兵力上又遠遠超過我們，我們就應該避其銳氣，以計謀來迷惑敵人，然後伺機擊退他們。敵我尚未短兵相接，諸位就這樣慌亂，士兵和百姓們該會怎樣想呢？」

眾僚屬被宗澤說得面紅耳赤。

按照宗澤的佈置，僚屬們一個個領命而去，於是，金軍在列陣於汴京城外時，看到了上述反常現象。

金軍按兵不動，派出間諜四處偵察，但不待他們把情況摸清楚，到了第三天，駐紮在城外的一支宋軍在統制官劉衍率領下，擂響戰鼓，衝入了金營。

金軍沒想到宋軍竟敢首先發動進攻，急忙上馬迎戰。這時，城樓上的宗澤一面擊鼓助威，一面向早已埋伏在金軍後翼的宋軍發出出擊信號。金軍遭到前後夾擊，頓時大亂，拋下大量輜重和沿途掠奪來的財物，落荒向北逃去。

將剛第九

弱之勝強　柔之勝剛

從自信心所激發出隱藏在人性中的生命潛能，可以產生一種無限、無窮、無比的神勇與神力，並可達到改變生命、改變天地、改變世界的奇蹟。

至於那些沉迷於自認卑微信念的人，不敢抬頭力求優越的人，自然會老死牖下，卑微歿世。

自信自有衝天翼，捨此便爲地獄門。

〔原　文〕

善將者，其剛不可折，其柔不可卷，故以弱制強，以柔制剛。純柔純弱，其勢必削；純剛純強，其勢必亡，不柔不剛，合道之長。

〔譯　文〕

善於作戰的將領應具備剛強不折的性格，但不固執己見，溫和柔順而不軟弱無能，也就是人們常說的剛柔並濟，這樣才能以弱制強，以柔克剛。一味柔和、軟弱，就會使自己的力量受減弱，甚至失敗；一味剛強、猛烈，就會導致剛愎自用，也會失敗的。因此，既不能過於柔弱，也不能過於剛強，剛柔並濟才是最理想的性格，才是最好的狀態。

不柔不剛　合道之長

古人云：「皎皎者易污，嶢嶢者易折」。剛有餘而柔不足，如枯脆之木，一折即斷；俗語云：「人善被人欺，馬善被人騎。」柔有餘而剛不足，如柔軟的麵糰，任人搓捏。

狂風暴雨驟起，橡樹依恃著深入濃蔭土壤內的根部，硬頂狂風暴雨，結果被呼嘯的狂風連根拔起。蘆葦則不同，狂風暴雨來了，它隨風擺動，甚至俯在地上，風雨過後，安然無恙。橡樹頂著暴風雨遭致滅亡，是一場悲劇，其根源在於它剛烈而失去柔性；蘆葦適時俯地，保全了生命，可謂幸運，獲得這種幸運則在於柔性。

剛中有柔，柔中有剛，剛柔並濟，則如鋼絲彈簧，既有鋼的堅實性，又有水的柔善性。從《將剛》之中，我們宜當從對敵、對友、對自己三方面去領會，才可得到正確的理解與運用。

漢武帝採取了霍去病的意見，任命年僅二十一歲的霍去病為驃騎將軍，拉開了第二次大規模反擊匈奴戰爭的帷幕，戰鬥的焦點之一是爭奪河西地區。霍去病與合騎侯公孫敖，分兩路共同向北部地郡進發；張騫與郎中令李廣，分兩路向右北平進發。四路縱隊約十萬人，由霍去病指揮。

由於交通不便，信息阻塞，公孫敖、李廣張騫三路軍沒有配合好。霍去病並不為與其他將領失去聯繫而遲疑，決定利用祁連山得天獨厚的地理優勢，採取誘敵深入，不斷分散和集中的靈活戰術，在祁連山與匈奴打殲滅戰。

當時，匈奴連吃敗仗，處處被動，被漢軍打得暈頭轉向，又找不著漢軍的主力決戰，士氣低落，突然看見趙破奴引「敗兵」向山中潰逃，酋塗王又喜又怒，率重兵追趕，趙破奴向祁連山曠谷且戰且退，酋塗王等窮追不捨，漸漸來至祁連山腳下，稽沮王提醒說：「山中恐有伏兵，不要再追了嗎？」酋塗王破敵心切，只顧驅軍向山谷中尋找漢兵。

霍去病見時機成熟，命令趙破奴迅速堵住谷口，其他各軍四面包抄，圍追狙擊。酋塗王一看中計，急命退軍，哪裡還能走得脫？漢軍協力作戰，勇猛廝殺，大敗匈奴於祁連山腳和深谷之中。

公元前六五六年，齊、宋、陳、衛、鄭、許、曹、魯等八國軍隊，借討蔡為名，屯兵於楚國邊境，後又不戰而退，除了齊國改變策略外，還與楚大夫屈完用剛柔相濟的謀略應付以齊為首的八國聯軍有關。

楚成王見中原軍隊陣式強大，不敢輕易應戰。便派大夫屈完去迎敵。屈完來到齊營，見到齊桓公後開口道：「寡君得知貴國大軍要來敝國，就讓下臣來求教你們：齊楚兩國相距遙遠，齊居於北海，楚近於南海，我們之間風馬牛不相及，不知貴君帶著大軍到我國的國土上來有何事？」齊桓公正無語可答，管仲代為回答道：「從前召康公奉周天子之命，曾經對我祖先太公說過：五等諸侯，九洲之長，有不遵從王命的你都可以去討伐。如今你們楚國不向周王進貢祭祀時用的『包茅』這種草，就應受到討伐。而且，周昭王南征死在漢水，也與你們楚國有關係。我們前來就是要責問這事。」屈完聽了管仲的答話，接著說：「沒有朝貢，這是因為王室衰弱，天下諸侯都這樣，不只是我們楚國。不貢包茅，確是我們的不是，寡君已經知錯。至於昭王南征而不返，與我們楚國無關，你最好去責問漢水吧！」齊桓公見屈完的口氣強硬，感到楚國已有準備，便讓軍隊在郢地駐紮了下來。

兩軍從春季一直相持到夏季，雙方都有戒心。到了夏天，楚成王派屈完再次到齊軍中講和。齊桓公將八國軍隊退到三十里外的召陵，以觀察楚國講和的誠意。這天，屈完載著犒勞八國軍隊的八車金帛來到齊營。事先，齊桓公得知屈完要來，就吩咐隨行的各國諸侯，把全部兵車，分為七隊，分列在七個方位。齊國的兵隊在南方，面向楚國。等齊軍敲響戰鼓後，七路兵隊一齊鳴鼓，以顯示中原軍隊的威勢。

齊桓公把這支龐大的隊伍陳列起來後，便駕車與屈完同去觀看。這時，只聽得齊軍中一聲鼓響，其他各路兵隊的鼓聲即刻相應，一時間，如雷霆震去，駭地驚天。齊桓公喜形於色，在車上對屈完說：「我不是為了別的，而是想同你們友好。」屈完也十分客氣的答道：「承蒙您的福，若寬容我君，這正是我們的願望。」桓公接著又指著諸侯的軍隊說：「寡人有這樣的軍隊，用這樣強大的軍隊去打仗，誰能抵擋？用它去攻城，有什麼樣的城攻不破？」

屈完見齊桓公又在炫耀武力，便說：「君之所以能為諸侯的盟主，是因為能以德服諸侯。您若用德義來安撫諸侯，誰敢不服，如果您用武力來威脅我們，那麼，楚國雖然小，但楚國人可以把方城山當作城垣，把漢水當護城河，這樣高的城垣，這樣深的護城河，您的兵雖多也是沒有用的。」

屈完剛柔相濟，不卑不亢的回答，使齊桓公感到不能用強力使楚國屈服。於是，當晚留屈完在營中居住。第二天，在昭陵立下盟壇，齊桓公執牛耳為盟主，管仲為司盟，屈完代表楚成王與齊桓公共同立誓說：「從今以後，世世通好。」舉盟完畢，屈完再拜致謝。此後，齊楚兩國相處友好。

將驕第十

驕兵必敗　哀兵必勝

驕傲是一種可怕的不幸。自負對人是一種毀滅。人一旦陷入驕傲，就會固執己見，自以為是，就會拒絕他人的忠告與友誼，就會喪失判斷是非的客觀標準。驕傲又是無知的代名詞，它使無知與淺薄的人更狂妄和滿足。

惡的後果，源於驕傲和誇耀；死亡期限的來臨，也是因驕傲奢侈所招致的。

〔原　文〕

將不可驕，驕則失禮，失禮則人離，人離則衆叛。將不可吝，吝則賞不行，賞不行則士不致命，士不致命則軍無功，無功則國虛，國虛則寇實矣。孔子曰：「如有周公之才之美，使驕且吝，其餘不足觀也已。」

〔譯　文〕

作為將領千萬不可驕傲自大，如果驕傲自大，在待人接物方面就會有不周到之處，有失禮的地方，一旦失禮就會眾叛親離。作為將領也不可吝嗇、小氣，如果吝嗇小氣，就不會獎賞部下，獎賞不施行，部下就不會在戰鬥中去拼死作戰，這樣就不會在戰爭中取得好的成果，國家的實力也就會由此而轉向虛弱，國家實力下降則表示敵人在強大起來。孔子說：「一個人如果具備了周公一樣的德才，卻驕傲吝嗇，也不值得評價、稱讚。」

將驕必敗　人吝必孤

天外有天，強中自有強中手。驕兵必敗，這個眞理不但在軍事方面如此，對其它各行各業亦如此。過於驕傲、清高，往往與衆難合，就會缺少朋友，如同孤雁。

要想獲取某種成功就得付出相應的代價，捨不得孩子套不住狼。所以爲人不可吝嗇，既想馬兒長得好，又想馬兒不吃草，能有此等美事嗎？

爲官爲將，不可驕橫無禮。待人接物高傲，必有失禮之處，失禮就會失去人心，甚至鬧得衆叛親離。爲官爲將，不可吝嗇小氣。鐵公雞一毛不拔，部下得不到獎賞，則無拼命效力的積極性。如此，軍隊就不能打勝仗，人民就懷怨恨，國家的勢力則由此虛弱。國力虛弱，敵人就相應強大。

爲官爲將者驕狂起來，則容易被勝利沖昏頭腦，則會剛愎自用，聽不進他人的建議，則可能胡作非爲，濫懲濫罰。

唐懿宗在位之時，南詔軍隊攻陷交趾，進寇東西江，逼近邕州。懿宗看了軍情警報後，急調義武節度使康承訓出鎮嶺南西道，把荊、襄、洪、鄂四道兵馬全交給他調遣使用。隨即又調動山東兵一萬人作為後援，這個康承訓不懂用兵之道，只知一味奏請增兵，唐朝的糊塗皇帝還真支持他。

這一來，康承訓卻自恃兵多，毫不防備，結果等到南詔兵進入邕州境已經晚了，一仗下來人馬損失慘重。虧得節度副使李行素還較為鎮靜，帶領軍兵整修城濠、寨柵。剛整修完，敵兵已到並準備攻城。唐軍諸將請求夜間前去劫營，康承訓一概不準。最後還是天平軍的一名小校據理力爭，康承訓方勉強答應了。

當夜，劫營成功，敵軍大驚潰散，邕州之圍立時解去。到這時，康承訓才派出幾千人追敵，早已是馬後炮了。然而，這個不懂用兵的康承訓卻極善邀功吞賞，馬上奏報大捷。糊塗皇帝聞奏大喜，大加封賞，康承訓及其子弟親信無功受賞，加官進爵，唯獨真正殺敵立功的小校和三百勇士，卻無一人受賞、升遷。這一來，軍中將士大為失望，怨聲載道。

公元三七〇年，北方的前秦滅掉了前燕，此後又滅掉前涼，攻佔了東晉的襄陽等地。前秦主苻堅認為一統天下的時機已經到來，調徵各地人馬九十萬，水陸並進，浩浩蕩蕩地向偏安南方的東晉殺來。

東晉孝武帝司馬曜慌忙任命丞相謝安為征討大都督，率兵迎擊前秦軍隊。謝安胸有城府，臨危不懼，他委任謝玄為前鋒都督，選派謝石代理征討大都督，指揮全軍作戰。

苻堅依靠佔絕對優勢的兵力一舉攻克壽陽，隨後派降將朱序到晉營勸降。朱序是在四年前與前秦作戰兵敗後投降的，當時實為迫不得已，如今回到晉營，不但不勸降，反而將前秦的兵力部署完完全全地告訴了晉軍。謝石根據朱序提供的情報，派猛將劉牢之率精兵五千強渡洛水，偷襲洛澗的前秦軍隊，殲敵一萬五千人，晉軍士氣大振。謝石、謝玄指揮晉軍推進到淝水東岸，與前秦軍夾岸對峙。

苻堅人馬眾多，後勤補給有困難，一心想速戰速決；東晉軍擔心前秦的後續部隊與前秦軍會合，壓力會增大，也想乘勝擊敗前秦軍，於是，雙方約定：秦軍稍稍後退，讓出一塊地方，讓晉軍渡過淝水，展開決戰。

苻堅的如意算盤是：待晉軍上岸立足未穩之機，以騎兵衝殺，把晉軍全殲。

決戰開始前，苻堅命令淝水前沿的前秦軍隊稍稍後撤，讓晉軍過河。開始的時候，前秦軍還有秩序地後退，但片刻之後，跑的跑、奔的奔，人人唯恐落後，陣勢立刻大亂。

早已潛伏在後軍中的朱序乘機指揮自己的部隊齊聲吶喊：「秦軍敗了！秦軍敗了！」前秦軍不知虛實，以為真的敗了，假後退頓時變成了真潰敗，成千上萬的士兵，潮水般地向後湧去。苻堅的弟弟車騎大將軍苻融連殺數名後退的士兵，企圖阻止秦軍後退，不但沒有遏止住秦軍的後退，反而連人帶馬被後退的人馬撞倒，死於亂軍之中。

謝石、謝玄看在眼裡，哪肯錯失這一千載難逢的好時機，立刻指揮八千騎兵率先殺入秦軍，後面的晉軍一擁而上，奮勇追殺。前秦軍兵敗如山倒，一發而不可收拾。

苻堅倉惶北逃，一路上，風聲鶴唳，九十萬大軍灰飛煙滅，前秦從此一蹶不振，沒過多久就滅亡了。

將強第十一

品質道德　強惡有殊

自強不息，可使愚人轉爲聰明，聰明人轉爲智慧，智慧者轉爲神聖。遭遇過無上的痛苦，才可享受到無上的快樂。我們在失敗與禍患中認識人生，便可從工作與勝利中得到崇高的喜悅。

堅其志，苦其心，勞其力，則事無大小，必有所成。

〔原　文〕

將有五強八惡。高節可以厲俗，孝悌可以揚名，信義可以交友，泛愛可以容衆，力行可以建功，此將之五強也。謀不能料是非，禮不能任賢良，政不能正刑法，富不能濟窮厄，智不能備未形，慮不能防微密，達不能舉所知，敗不能無怨謗，此謂之八惡也。

〔譯 文〕

將帥的品德修養應注意五強八惡。必修的五強德性是：高風亮節可以勉勵世俗，友愛孝悌可以名揚四海，信義忠誠能夠得到友誼，博愛就可以容納眾人，身體力行可以建功立業。在德性上的缺陷有八惡：雖足智多謀卻不能明辨是非，不能禮賢下士更不任用賢將良才，執掌政務不依從法制，則難以引導社會風俗，不能慷慨施惠，不願救助貧困，不能防範於未然，智謀不足，不能深謀遠慮，也不能防微杜漸，不能在顯達時推薦自己所熟知的賢能人士，不能在戰敗時毫無怨謗，承擔全部責任。這就是所說的八惡。

意志強毅　自信慷慨

人生之旅，難得一帆風順，亦難免坎坷不平，在走向生命盡頭的征途中，有困頓、有失意、有磨難。

倒楣不倒志，不悲觀、不絕望，在人生的旗幟上始終寫著「自強不息」四個字。栽了跟頭，是倒在地上不再起來，還是堅強支　起來依然昂首挺胸向前進？吃了虧、打了敗仗或是受人欺侮之後，是「破罐子破摔」夾著尾巴做人呢？還是鼓足勁頭，壯足膽子奮起拼搏？

現實社會是人生的競技場，受挫之後，沒有再振雄風的勇氣，則永遠是社會「大舞臺」下的觀衆，當不了臺上的演員。也永遠是「競技場」上的敗將，再也難以成爲功勛卓著的勇士。做生活中的強者！在人生逆境中的種種困難面前，意志強毅，自信慷慨。用微笑去迎接、去正視生活中的委屈、失意和困頓吧！

漢王劉邦先奪取咸陽，按義軍事先的約定，本應劉邦稱王。但是，項羽的兵力比劉邦強大得多，劉邦雖不願意，也只有聽從項羽的分封，到漢中去為王。

有一天，有人來報丞相蕭何逃跑了，這不啻一個晴天霹靂，使得劉邦目瞪口呆，即派人去追。直到第三天早晨，蕭何才回到南鄭。原來，蕭何並非逃跑，而是去追韓信。韓信是淮陰人，文武雙全是個將才。投奔劉邦後並沒有得到重用，蕭何說了幾次，劉邦仍不肯重用韓信。韓信便騎馬離開了南鄭，蕭何聽說韓信走了，急得沒向劉邦報告便追趕去了，追了一天沒追上，又連夜追才追上。

韓信還是不肯回去，蕭何百般勸說，最後說道：「要是大王再不聽我的勸告，我們三人一塊走！」這三人包括後來趕到的夏侯嬰。韓信聽了深受感動，含著淚說道：「丞相這麼瞧得起我，我還有什麼好說的呢！我這就跟你們回去。今後，我就是為你們而死，也心甘情願！」

北魏的崔巨倫曾任殷州的別將。殷州被義軍攻破，義軍首領葛榮聽說崔巨倫有才學，想起用他，但崔巨倫一心想法逃掉。當時恰逢五月初五，葛榮召集所有臣僚，命令崔巨倫賦詩，崔巨倫擺出很認真的樣子，想了一陣，然後當眾一本正經一朗誦起來：「五月五日時，天氣已大熱，狗便呀欲死，牛復吐出舌。」聽的人都哄然大笑，譏諷崔巨倫「有才」，葛榮也就打消了取用他的主意，崔巨倫因而得免。

他又暗中找到幾個不怕死的志士，乘著夜色往南逃去，不巧在路上遇到了敵人的巡邏騎兵，大家面臨險境，崔巨倫很鎮靜地對大家說：「寧可往南走一寸而死，豈能往北走一尺去求生！」於是上前迎著敵人騎兵謊稱道：「我們是奉了葛榮的命令的。」敵人問可有命令，崔巨倫迅速掏了一份東西遞了過去，敵人正舉起火把照明，準備細看文書，崔巨倫趁敵人未注意他時，猛地拔出佩劍殺死了敵人首領，其餘的敵人一下子被嚇住，然後便是逃命去了，於是崔巨倫和志士們才得以脫身。

崔巨倫脫身避凶，得力於伏藏之計。而逃亡路上遇敵不驚、化險為夷的舉動，則更證明了崔巨倫的機智勇敢、臨危不懼。

出師第十二

出師之後，將帥擁有一切權力

居處進退看人品，患難生死看骨氣，利害得失看操守，料事定謀看見識。為人君者，持重而不浮競，即可收以重禦輕的功效；鎮定而不急躁，即可收以靜制動的功效。

為上將者，氣量淵深，汪汪如千頃之波；規模宏遠，休休有大容之度。如千年松柏，根固而枝茂，不怯霜雪之侵，風雨之摧。

〔原　文〕

古者國有危難，君簡賢能而任之。齋三日，入太廟，南面而立；將北面，太師進鉞於君。君持鉞柄以授將，曰：「從此至軍，將軍其裁之。」復命曰：「見其虛則進，見其實則退。勿以身貴而賤人，勿以獨見而違衆，勿恃功能而失忠信。士未坐，勿坐，士未食，勿食，同寒暑，等勞逸，齊甘苦，均危患；如此，則士必盡命，敵必可亡」。將受詞，鑿凶門，引軍而出，君送之，跪而推轂，曰：「進退惟時，軍中事，不由君命，皆由將出。」若此，則無天於上，無地於下，無敵於前，無主於後，是以智者為之慮，勇者為之鬥，故能戰勝於外，功成於內，揚名於後世，福流於子孫矣。

〔譯　文〕

古往今來，在國家遇到危難之時，國君便會挑選賢德的人作為將帥，以便解除國難。出征之前，則齋戒三日，進入太廟祭祀列祖列宗，國君面南而站，將帥面北而站，太師雙手奉上象徵權力的大斧，國君接過大斧，拿著斧柄授予將帥說：「從現在起，軍隊便由你指揮了。」國君又說：「戰鬥中，遇到敵人實力薄弱就進攻，遇到敵人實力強大就退卻；不可因自己身居高位而瞧不起他人；不可固執己見而聽不進他人的建議；不可憑著自己的功勳卓著而失去為人忠信的品質；部隊沒有坐下休息時，作為將帥不可首先坐下來休息；部隊同寒暑，共勞逸，同甘苦，共危難。能做到這些，部下將士必定能盡心竭力，這樣必定能打敗敵人。」

將帥聽完國君的告誡後，便宣誓效忠，然後便打開凶門，率軍出征。國君在臨別時，跪著推動車輪說：「部隊進退時要把握住時機。從現在開始，部隊中的一切行動都由你決定了。」如此，將帥便具有絕對的權力，也能夠使用有智謀之士的策略，讓勇猛頑強的人效命於戰場。

從此，則可百戰百勝，立下汗馬功勞，揚名後代，福及子孫。

古人云：「士為知己者死，女為悅己者容。」用人者對被用者以誠相待，把被用者當作至親好友，委以重任時，還須把一顆赤誠的心掏給他，如此，被用者豈能不肯效死力？人們大都是這樣：你敬我一尺，我敬你一丈；你把真心掏給我，我把忠心獻給你；你投之以桃，我報之以李。所以，歷代無數忠臣義士寧可盡力盡節、肝膽塗地，也不可留下半點不忠不義之名。

「疑人不用，用人不疑。」這是至理，既用其人，卻又放心不下，遇事「猶抱琵琶半掩面」，都要留一手，防一著。如此，被用者更是心存芥蒂：既不信任我，何必為你賣命？所以明智君主一旦獲得可以信賴的人才，總是放心大膽授權給他，讓他極大限度地發揮才幹。

諸葛亮借君主與將帥之口，將「用人不疑」的主題發揮得淋漓盡致。

引軍而出 國君恭送

明朝義軍占領滁州之後，元朝太師脫脫野律楚才親領五十萬大軍，殺奔滁州而來。大帥張玉自認難當此任，就向朱元璋舉薦一人，那就是隱居的徐達。

朱元璋三顧他隱居的廣太莊，用極其隆重的禮儀把徐達迎進滁州，並選定吉日，舉行了十分隆重的「登臺拜帥」典禮，正式委任徐達為「天下都招討、三軍大元帥」，統領各路義軍。徐達受命之後，當眾宣佈了軍紀要求，明確告誡：「如有抗令不遵者，按十七條禁律、五十四斬，嚴懲不貸！」

春秋時期，晉國公子重耳逃亡在楚國時，楚王設宴款待他。酒過三巡，楚王乘酒興對重耳說：「有朝一日，公子退回晉國，將如何報答我？」

重耳想了想，回答道：「如果托大王洪福，我真的能夠回晉為君，我一定讓晉國與楚國友好相處。如果迫不得已，兩國不幸交戰，我一定下命令讓我國軍隊退避三舍（一舍合三十里）以報大王恩德。」

四年之後，重耳返回晉國，當了國君，史稱晉文公。晉文公勵精圖治，選賢任能。幾年後就使晉國強大起來。接著他又建立起三軍，命先軫、狐毛、狐偃等人分任三軍元帥，準備征戰，以稱霸中原。

晉國日益強大，南方的楚國也日益強盛。公元前六三三年，楚國聯合陳、蔡等四個小國向宋國發起攻擊。宋國向晉求援，晉文公親率三軍增援宋國。

楚軍統帥成得臣是個驕傲狂暴的人。晉文公深知成得臣的脾氣，決心先激怒他，然後消滅他。成得臣急於尋找戰機，晉文公就設計暫不與他交鋒。當初與楚王宴飲，晉文公許諾如與楚軍交戰，一定退避三舍，這一次，晉文公信守諾言，連退三舍（九十里），一直退到城濮這個地方才停下來。

其實，晉文公的後撤是早已計劃好了的，可以一舉三得：一是爭取道義上的支持；二是避開強敵的鋒芒，激怒成得臣；三是利用城濮的有利地形。

楚將鬥勃勸阻成得臣道：「晉文公以一國之君的身份退避我們，給了我們好大的面子，不如借此回師，也可以向楚王交代。不然，戰鬥還未開始，我們已輸了一場。」

成得臣說：「氣可鼓而不可洩。晉軍撤退，銳氣已失，正可乘勝追擊！」於是，揮師直追九十里。

晉、楚雙方在城濮擺下戰場，晉國兵力遠不如楚國，因此，晉文公也有些擔心。狐偃道：「今日之戰，勢在必勝，勝則可以稱霸諸侯；不勝，退回國內，有黃河天險阻擋，楚國也奈何不了我們！」晉文公因此堅定了決戰和取勝的信心。

戰鬥開始後，晉軍下令佯作敗退，楚軍右軍揮師追趕，一陣吶喊聲中，胥臣率領戰車衝出。胥臣所率戰車駕車的馬上都披著虎皮，楚軍見了，驚惶地亂跑亂叫，胥臣乘機掩殺，楚右軍一敗塗地。

先軫見胥臣獲勝，一面命人騎馬拉著樹枝向北奔跑，一面派人扮成楚軍士兵向成得臣報告：右軍已經獲勝。成得臣遠望晉軍向北奔跑，又見煙塵滾滾，於是信以為真。

楚左軍統帥鬥宜申指揮楚軍衝入晉軍狐偃陣中，狐偃且戰且退，把鬥宜申引入埋伏圈，將楚軍全殲。先軫故伎重演，又派人向成得臣報告：左軍大勝，晉軍敗逃。

成得臣見左、右二軍獲勝，親率中軍殺入晉軍中軍之中。這時，先軫與胥臣、狐偃率晉軍上軍、下軍前來助戰，成得臣方知自己的左軍、右軍已經大敗，後悔莫迭。眼見大勢已去，成得臣拼命突圍，又被晉軍將領擋住去路。幸得晉文公及時發出命令，饒成得臣一死以報當年楚王厚待之恩，成得臣才得以逃回本國。

城濮之戰後，晉軍聲威大振，晉文公一躍成為春秋「五霸」之一。

擇材第十三

馬不必騏驥，只要會跑就行

用人不可苛求全材，宜因量以器使。大抵以血性為主，廉明為用，三者不可缺一。

天雖至神，必因日月之光；地雖至靈，必有山川之化；聖人雖有萬人之德，必有俊賢輔助。

用人貴在選勝於自己的人，選守道藏德不願為我用而用的人，則更見其廣大而無所不包容。

〔原　文〕

夫師之行也，有好鬥樂戰，獨取強敵者，聚為一徒，名曰報國之士；有氣蓋三軍，材力勇捷者，聚為一徒，名曰突陣之士；有輕足善步，走如奔馬者，聚為一徒，名曰搴旗之士；有騎射如飛，發無不中者，聚為一徒，名曰爭鋒之士；有射必中，中必死者，聚為一徒，名曰飛馳之士，有善發強弩，遠而必中者，聚為一徒，名曰摧鋒之士。此六軍之善士，各因其能而用之也。

〔譯　文〕

部隊出征時的戰鬥編制是：對那些士氣高昂，求戰心切，願意獨自同強硬對手較量，應將他們編到同一行列裡，這些人可以稱為精忠報國之士；有些氣蓋三軍，勇猛可嘉，身手矯捷之士，應將他們編到一個行列裡，這些人可以稱為突擊隊員；有的行動快速、敏捷，如同飛奔的馬一般，應將他們編在一個行列裡，這些人可以組成先頭衝鋒隊；有的善於騎馬射箭，箭術高超，應將他們編組在一起，這些人可以組成奇襲隊；有的擅長射箭，中箭必死，堪稱一流射手，應將他們編制在一起，這些人可以組成射擊隊。這些不同的戰士，都具有不同的作戰能力與特點，應讓他們充分發揮自己的特長，各盡其能，各盡所用。

各因其能　綜合利用

騎馬不必千里名駒，只要跑得快則可。

購置商品，不必講究是否名牌，惟有合適耐用則可。

「我勸天公重抖擻，不拘一格降人才。」選用人才，提拔幹部，必須懂得這些道理，不可面面顧及。無論是黑貓、白貓，只要能捉住老鼠便是好貓。所以選用、提拔人才時，不能求全責備，斤斤計較人才某些方面的小缺點、短處，只要人才對你有用，能爲你辦事、賣力，就可以大膽使用。

諸葛亮提倡的用人原則，在現代企業管理中亦能借鑒，現在是多科學相互滲透的時代，再不是從前單一的生產模式，而是多學科的綜合利用。市場情況瞬息萬變，信息工作空前重要。現代企業的領導者、管理者必須是掌握多學科知識人才。聰明的企業家把各種人才組成一個複合型群體，發揮綜合群體的威力，則收到良好的效果。

太宗李世民知道頡利可汗反覆無常，表面上臣服，心懷猶豫。於是朝廷也做好兩手準備：一面派鴻臚卿唐儉等去鐵山安撫慰問；一面任命李靖出任定襄道總管，意在監視、鎮壓頡利可汗。李靖了解太宗的心思，認為拖延時間，不如速戰速決，便拿定主意，要乘頡利可汗興奮、麻痺的時候，出奇不意的用鐵騎直搗頡利的巢穴，一舉殲滅他，免留後患。

李將軍找來張公瑾商議說：「估計朝廷使者已經到達鐵山，現在頡利可汗的心中一定很興奮、寬慰，他們只顧高興，肯定會放鬆警惕，鬆懈鬥志。這是出奇制勝消滅突厥的好機會，機不可失，時不再來。」

於是督促大軍迅速進發，沿途招降、俘虜了頡利的不少部落，充實了自己的隊伍。此刻，頡利正迎接唐朝的使者，大開筵席。正當賓主吃得酒酣耳熱，沉浸在歡樂興奮中的時候，探馬突然來報：「李靖大軍離我們只有十五里路了！」頡利可汗聽說大軍突然來臨，彷彿神兵天降，急忙率兵以鐵山作屏障，於險要地段列開陣勢，倉促迎戰。

李靖率大軍進入鐵山腳下後，一面命張公謹領一隊人馬從正面佯攻，自己領三千精騎從山後像尖刀一樣直插頡利的駐地。唐軍鐵騎如狼似虎，將頡利可汗的大帳踏翻在地，縱橫馳騁，所向披靡，端掉了頡利可汗的老窩。頡利見勢不妙，跨上千里馬，像喪家之犬一樣，急忙逃命去了。

李世民聽到李靖打敗頡利可汗的消息，十分高興，擺宴為李靖接風，開懷暢飲。他得意地對群臣說：「李靖不僅作戰勇敢，還善揣人意，料事如神呢！」於是拜李靖為尚書僕射。

智用第十四

強攻不如智取

人不能沒有智謀，但智謀使用過多則會招來他人的怨恨，從而導致災禍。有智慧的人能做到不誇耀自己，做到大智若愚，才能不斷增長智慧。既能善於明辨是非曲直，通曉利害得失，又能審時度勢，知己知彼，則可稱之爲「智」。

〔原　文〕

夫為將之道，必順天、因時、依人以立勝也。故天作時不作而人作，是謂逆時；時作天不作而人作，是謂逆天；天作時作而人不作，是謂逆人。智者不逆天，亦不逆時，亦不逆人也。

〔譯　文〕

作為將帥率軍出征想奪取勝利，必須順應天時、藉用戰機、依靠兵員素質等方面的因素。所以順應了天時、也具備了相應的戰鬥力，而時機不成熟，這種情形之下出兵就是所謂的逆時；具備了相應的戰鬥力，也具備了成熟的戰機，但不具備天時條件，在這種情形之下出兵，就是所謂的逆天；具備了天時條件，也抓住了戰機，但不具備部隊相應的戰鬥力，在這種情形之下出兵，就是所謂的逆人。明智的將帥，率軍作戰既不逆天，也不逆時，同時也不逆人。

順天因時　依人立勝

智用的重點——「天時、地利、人和」。將領知道天時、地利、人和並不難，難的是眞正做到「順天、因時、依人」。將領不僅要有豐富的軍事知識，還要有廣博的天文地理、人文等各方面的知識，有政治家的頭腦，還要有長期細心的研究。然而，要眞正作到「順天、因時、依人」關鍵在於不斷提高自身的修養。

在現代戰爭條件下，不僅要靠政治教育，重要的是用高科技知識去武裝官員，培養他們能充分利用高科技手段去指揮作戰，克敵制勝。

當今，各國軍隊在培養幹部方面已是一個飛躍，即所有幹部都要經過軍事學校學習合格才能任職，這對提高全軍幹部的素質，建設現代化軍隊，無疑具有決定性意義。注意軍官素養的提高，則是抓住了關鍵，認眞堅持下去，必有成效。

總之，在國家的經濟建設中，各行各業都應遵循「順天、因時，依人」的準則，「順天」、「因時」就是從實際出發，依照客觀規律辦事，「依人」則是要相信群衆力量，依靠人民大衆。

講求「順天、因時、依人」，在臨戰指揮上確實很重要。

曹孟德是我國歷史上一位傑出的軍事家了，但他在赤壁卻遭了慘敗。他統領八十三萬大軍，浩浩蕩蕩，直下長江，大有一口吞掉孫權、劉備之勢。但是，在長江水戰，他的北方士兵不能適應，正當他為此苦惱時，龐士元給他獻了一條「連環計」，讓他把戰船用鐵環鎖在一起，三十艘或五十艘成一排。這樣一來，連在一起的戰船果然十分平穩，不怕風浪，曹孟德自以為穩操勝券了。

謀士程昱提醒說：「船都連鎖起來，固然平穩；但是，敵人如用火攻，就難以躲避了，不能不防。」曹孟德說：「凡是用火攻，必須借用火力。現在正是嚴冬季節，只會有西北風，怎會有東風、南風呢？我們在西北方，敵軍都在南岸，他們如用火攻，是燒自己的軍隊，我怕什麼？如果是十月小陽春時，我早就提防了。」

曹孟德這是只知一般規律，而不知特殊情況，結果算計不如諸葛亮、周瑜，大小幾千艘戰船頃刻之間，灰飛煙滅，八十三萬大軍幾乎全軍覆沒。

陳友諒占據江州，他一直把朱元璋視為心腹之患，遂率所有兵馬順流而下，攻打朱元璋。元順帝至正二十年攻占採石（今安徽省馬鞍山市長江東岸）和太平（今安徽當塗），自立為帝，國號為漢。緊接著，陳友諒又率領「江海鰲」、「混江龍」、「塞斷江」、「撞倒山」等巨艦，進逼應天（今江蘇南京）。

大兵壓境，朱元璋的部下都有些緊張。因為陳友諒的水軍是朱元璋的十倍，又善於水上作戰。有些人竟主張撤退或投降。朱元璋聽取了劉基的建議，決定誘敵深入，打伏擊戰。

朱元璋召來康茂才，讓他寫一封詐降信給陳友諒。原來這康茂才是元朝降將，本是陳友諒的老友，朱元璋認為他是詐降的合適人選。

康茂才欣然答應，他說：「陳友諒不講信義，殺了我的同鄉好友徐壽輝，我正要報此大仇……」於是修書一封，信上說：「建議兵分三路進攻應天，茂才所部把守應天城外江東橋，願為內應，打開城門，直搗帥府，活捉朱元璋……」康茂才派一名陳友諒熟識的老僕去送信，臨行之際，康茂才再三叮囑，以防露出破綻。

陳友諒讀了康茂才的信，心中不免高興起來，他想，自己大軍一路勢如破竹，諒他康茂才也不敢詐降。但他還是反覆盤問老僕人，老僕應對如流，言辭懇切，陳友諒深信不疑。他當即對老僕人說：「我馬上分兵三路取應天，到時以『老康』為暗號，但不知茂才所守之橋是木橋還是石橋？」「是木橋。」老僕答道。

送走老僕人的第二天，陳友諒水陸並進。他親率數百艘戰船順江而下，前哨到大勝港時，遭朱元璋手下將領阻擊，無法登岸，又見新河航道狹窄，於是下令直奔江東橋，以便和康茂才裡應外合。船到江東橋，陳友諒見是一座石橋，心中起疑。原來，朱元璋為了防備康茂才的假投降變成真投降，已於當天夜裡把木橋改造成石橋了。陳友諒急命部下高喊「老康」，喊了多時，竟無人答應，方知中計，急令陳友仁率水軍衝向龍灣。幾百艘戰船聚集於龍灣水面，陳友諒下令一萬精兵登陸修築工事，企圖水陸並進，強攻應天城。

此時，只見盧龍山頂上黃旗揮動，戰鼓齊鳴，朱元璋的大將徐達、常遇春率軍分從左右殺來，修築工事的一萬精兵頓時被衝得大亂。儘管陳友諒大聲呼喝，仍然制止不住，敗軍逃到江邊，蜂擁登船。陳友諒急令開船，哪料正當退潮之際，近百條戰船全部擱淺，徐達與常遇春乘勢上船追殺，陳友諒潰不成軍，只好跳進小船逃跑了。

朱元璋巧施詐降之計，誘敵深入，打敗了十倍於自己的敵人，從此改變了敵我力量的對比，爭得了戰爭的主動權。

不陳第十五

「不戰而屈人之兵」是用兵的最高境界

大凡事業的成功，全在自成，並非他人所成，時代所成，更非天所成；大凡事業的失敗，乃是自敗，並非他人所敗，時代所敗，更非天所敗。以保赤子之心保天下萬民，以愛赤子之心愛天下萬民，豈有不心悅誠服者？

〔原　文〕

古之善理者不師，善師者不陳，善陳者不戰，善戰者不敗，善敗者不亡。昔者，聖人之治理也，安其居，樂其業，至老不相攻伐，可謂善理者不師也。若舜修典刑，咎繇作士師，人不干令，刑無可施，可謂善師者不陳。若堯伐有苗，舜舞干羽而苗民格，可謂善陳者不戰。若齊桓南服強楚，北服山戎，可謂善戰者不敗。若楚昭遭禍，奔秦求救，卒能返國，可謂善敗者不亡矣。

〔譯　文〕

古代善於治理國家的君王，不動用軍隊就能使國泰民安；善於治理軍隊的將帥，不出動軍隊就能使敵人屈服；善於行兵佈陣的將帥，能夠不打仗就可以取得勝利；善於用兵作戰的將帥，能百戰百勝，立於不敗之地；善於面對困難，能從失敗中總結出教訓、尋找對策的將帥，就不會滅亡。從前先聖治理天下時，能使百姓安居樂業，因此百姓永遠不會有爭鬥殺伐，這就是善於治理國家，不需要使用軍隊的典範。

虞舜在治理國家時，注重法紀嚴明，並任命大臣咎繇執掌刑法，於是無人敢於違法，所以也就用不著執行刑法，這就是善於治理軍隊的典範。堯派遣舜征討有苗時，舜只用舞蹈時用的干盾與羽扇便使有苗屈服，這樣的事例，可以說是「善陳者不戰」的典例。齊桓公懾服南方的強大楚國，征服北方的山戎，就是百戰百勝的典例。楚昭王被吳國打敗時，及時逃往秦國求救，因此能夠返回楚國重掌君權，劉邦屢次敗給項羽，卻能接受教訓，總結經驗，改變戰略戰術，最終在垓下一戰而勝利，這些都是「善敗者不亡」的典例。

善師不陳　善陳不戰

「善理者不師，善師者不陳，善陳者不戰，善戰者不敗，善敗者不亡。」這是將帥的最高指揮藝術境界。與歷代軍事戰略家們刻意追求「不戰而屈人之兵」是一脈相通的，亦是治國、作戰的盡善盡美境界。

歷史上能達到這一境界的政治家、軍事家的確爲數不多，諸葛亮列舉了堯、舜、禹、齊、楚的事例，全是我國古代史中的聖賢之人創造的典範事例，並非普通帝王將相所能做到。在本章之後引用了諸葛亮運籌於相府之中，不動一仗，不折一兵，退了魏國五路大軍的故事。不僅能幫助我們對《不陳》篇加深理解，同時仔細琢磨他對兵法的種種妙論，亦可大有裨益。

要想達到「不戰而屈人之兵」依恃大謀略、最高指揮藝術方面還不夠，還要有強大的軍事力量，國家的富裕，政治、經濟上對敵國的壓力互相配合。

蜀主劉備伐吳慘敗後，連氣帶病，死於白帝城，魏主曹丕得知大喜，就想趁蜀國國中無主，立即起兵討蜀。司馬懿獻了一個五路進兵的主意，不必魏主親征而取蜀國。五路大軍總共五十萬，五路並進，讓蜀國首尾不能相應，無法抵擋，曹丕一聽高興極了，立即傳旨執行。

邊報送到蜀國都城成都。後主即派人去丞相孔明那裡問計，孔明這幾天也稱病在家不出來料理事務。其實，孔明並非專心養病，而在尋思退兵之策，後主車駕到相府門前，門官拜迎。後主問及魏兵來犯之事，孔明大笑，扶後主到內室坐下，奏道：「五路兵到，臣怎會不知道！我是在思考，現在，四路兵已被我退了，只有孫權一路尚未退，我也有退兵辦法了。只是還沒有找到合適的使臣，陛下不可憂慮。」後主又驚又喜。接著孔明說：「我已派馬超堅守西平關，埋伏了四路奇兵，這一路不必擔憂了。我命魏延帶一軍南下，佈好疑兵計，蠻兵多疑，必定不敢前進，這一路也不用憂慮了。李嚴和孟達有生死之交，我已寫了一封書信，作為李嚴的親筆信，派人送給孟達，孟達必然推病不出，這一路也不用憂慮了。陽平關地勢險峻，我命趙雲堅守不出，曹操沒辦法攻破，不久也會退兵，第四路也不必擔憂。我還密調關興、張苞各領三萬兵，紮駐在緊要之處，作為各路救應，以保萬全。我調動這些人馬，都不經過成都，所以無人知覺，現在只需要派一位善辯的人出使東吳，陳說利害，先退東吳。現在我已想好了，就把這件事托給鄧芝，主公放心好了。」

最後諸葛亮運籌於丞相府，妙退曹丕五路大軍，反而令曹兵損失慘重。

隋朝末年，天下大亂。隋將薛舉、李淵先後稱帝。為奪取天下，薛、李之間征戰不停。公元六一八年，薛舉的兒子薛仁杲率大軍包圍了李淵的涇州（今甘肅涇川北），大敗涇州守軍，擊殺大將劉感。李淵聞報後，急派秦王李世民率軍救援。

李世民進入涇州城，堅守不出。薛仁杲派羅睺前去挑戰，百般辱罵。一些將領按捺不住，對李世民說：「如今賊兵已占領高墌，又如此輕侮我們，我軍已今非昔比，怕他們什麼？」

李世民道：「我軍剛剛打了敗仗，士氣不振；賊軍接連取勝，士氣旺盛。在這種情況下出兵，必敗無疑。所以，只有緊閉城門，以逸待勞。賊軍狂妄之極，日子多了，必然由驕而生惰，而我軍士氣則可逐漸恢復，到那時，尋機一戰定可大獲全勝。」

幾個將領還想陳說自己的主張，李世民決然下令道：「從現在開始，誰要再敢言『戰』，斬！」

自此之後，將士上下同心，任憑敵軍辱罵，只是堅守不出。

雙方相持了兩個多月，薛仁杲的軍糧日漸減少，士氣低落。薛軍主將見士卒們疏忽怠惰，動輒鞭打、辱罵，將士多有怨恨。又過了一些天，一些士卒悄悄地到李世民營中投降、要飯吃。後來，成隊成隊的士卒在偏將們的率領下投降了李世民。李世民認為時機已經成熟，派右武侯大將軍龐玉在無險可守的淺水源南邊佈陣，吸引薛軍主力去進攻，自己親率大軍從薛軍背後發起偷襲。薛軍主力受到前後夾擊，一敗塗地。李世民乘勝追擊，將薛仁杲包圍在高墌城中。入夜，薛仁杲的士卒爭先沿著繩索爬下城頭，向李世民投降。薛仁杲見大勢已去，只好打開城門，投降了李世民。

公元二四九年，魏國雍州刺史陳泰率兵包圍了蜀國北部邊界的麴山東、西二城，蜀將李歆拼死突圍向大將軍姜維尋求救兵。姜維得知麴山二城勢危，沉吟半晌，想得一條計策，說：「陳泰率雍州之兵圍了麴山二城，雍州一定空虛。我們可率大軍經牛頭山繞至雍州後面，伺機攻占雍州，陳泰知道後，必然回師援救雍州，麴山之圍就可解救了。」於是，統率蜀軍向牛頭山進發。

陳泰聞訊後對部將鄧艾說：「兵法云：『不戰而屈人之兵，善之善者也』。姜維一過牛頭山，我們就截住他。此時再請征西將軍郭淮兵出洮水，截斷姜維退往蜀地的歸路，姜維只有死路一條；倘若他知險而退，我們就可以奪得麴山東、西二城。」兩人商議已定，派遣使者飛報征西將軍郭淮，請郭淮進軍洮水。郭淮認為陳泰之計可行，立即統率本部兵馬向洮水進發。

姜維到了牛頭山，陳泰早已率主力兵馬搶先佔據了牛頭山附近的險要地段，築起營壘，截住了姜維的去路。姜維天天向陳泰挑戰，陳泰堅守不出，姜維無計可施。

將軍夏侯霸對姜維說：「連日挑戰，陳泰只是不肯出來，此人非是庸才，定有異謀，不如暫時後退，再作別議。」正在商議之間，探子來報：「郭淮率大軍直撲洮水！」姜維大吃一驚，對夏侯霸說：「洮水在牛頭山西北，是我軍退回蜀地必經之路。歸路一斷，我軍不戰自亂。罷了！罷了！」

姜維令夏侯霸率兵先退，自己領兵斷後。守衛麴山的蜀將見內無糧草，外無救兵，只好開城向陳泰投降。陳泰憑藉運籌得當之力，沒有花費多大代價，就奪得麴山二城，迫使姜維退兵。

將誡第十六

不戲弄君子，不蔑視小人

君子不掠人之美爲己美，不貪人之功爲己功，不竊人之善爲己善。對待富貴之人，不難有禮，而難有體；對待貧賤之人，不難有恩，而難有禮。

攻人之過勿太嚴，要思其能受；教人從善勿過太高，要令其可從。

〔原　文〕

書曰：「狎侮君子，罔以盡人心，狎侮小人，罔以盡人力。」故行兵之要，務攬英雄之心，嚴賞罰之科，總文武之道，操剛柔之術，說禮樂而敦詩書，先仁義而後智勇；靜如潛魚，動若奔獺，散其所連，折其所強，耀以旌旗，戒以金鼓，退若山移，進如風雨，擊崩若摧，合戰如虎；迫而容之，利而誘之，亂而取之，卑而驕之，親而離之，強而弱之，有危者安之，有懼者悅之，有叛者懷之，有冤者申之，有強者抑之，有弱者扶之，有謀者親之，有讒者覆之，獲財者與之；不倍兵以攻弱，不恃衆以輕敵，不傲才以驕人，不以寵而作威；先計而後動，知勝而始戰，得其財帛，不自寶，得其子女不自使。將能如此，嚴申號令，而人願鬥，則兵合刃接而人樂死矣。

〔譯文〕

《書經》上說：「戲侮君子，則難以得到他的真心；蔑視小人，也就無法使他盡心為自己效力。」因此，將帥帶兵的要訣是：必須得到軍隊的人心，嚴格把握有關賞罰制度與紀律，必須具有文武兩方面的領導能力，剛柔並濟，精通禮、樂、詩、書，使自己在修養方面達到仁義、智勇的內涵；率軍作戰時，下令部隊隱蔽與休息，則應該使士兵如同魚兒潛水無聲無息，下令部隊出擊時，就應該使戰士如同獺奔跑一樣飛躍前進，既快又猛。打亂敵人的陣營，切斷敵人的聯繫，削弱敵人的勢力，揮動旗幟以顯示我軍的威力，並能使部隊服從指揮，聽從調動。撤退時，部隊應如同大山移動一般穩重、整齊，進攻時，應使部隊如同暴風驟雨，徹底摧垮敵軍，同敵人交戰，就應該有猛虎下山一般的威勢。

對待敵人，還要採用一些謀略：突然面臨緊急情況，應該想辦法從容不迫，利用小恩小惠誘惑敵人進入設好的圈套內，想方設法打亂敵軍穩固整齊的陣勢，而後在亂中取勝；對待小心謹慎的敵人，運用計謀讓他們盲目驕傲起來，上下不同心；使用離間計破壞敵人內部團結，對於非常強大的敵人想法削弱他的力量，使處於危險境地的敵人感到安全而麻痺敵軍，使憂懼的敵人感到喜悅，讓敵軍疏忽起來；對於投降我軍的戰俘，用懷柔政策對待他們，要讓部下的冤屈有地方伸訴，扶持弱者，抑制氣焰囂張的部下，對待有智有謀的部下應盡力親近他，並任用為參謀，對於巧言令色的小人要堅決打擊，獲得了戰利品首先要分發給部下。

此外，還有幾點值得注意：如果敵人勢弱，則不必以全力去打擊他們，不可因自己軍隊力量的強大而藐視敵人，也不能因自己的能力高強而驕傲自大，更不可因自己受寵幸而對部下作威作福。對於整個戰局的進行，首先要制定周詳的計劃，要有充分的把握才可率軍出征，不能獨自獲取戰場上的勝利品，男女俘虜也不可獨自役使。作為將領做到了這些，嚴格號令，將士必定能積極作戰，效命疆場。

得道多助　失道寡助

將帥帶兵的要訣是：務必廣泛籠絡人心。非常鮮明、突出地說明了「得人心」的重要，歷史上的政治家、軍事家，都非常重視人心問題，很早就有「得人心者得天下」的論斷。

所以，孟子說：「得道者多助，失道者寡助。寡助之至，親戚叛之；多助之至，天下順之。」

領導者要想得到人心，得到多數人的擁護，必須堅持正義，絕不可爲了得到所謂多數人的擁護而放棄正義，不然必定陷入孤立無援的境地，吃不了兜著走。

作爲將帥來說，讀書是學習，亦是作戰。愛讀書的將領，能從書中獲取戰勝敵人的智慧。多讀《禮》、《樂》、《詩》、《書》等修養之類的書及兵法，認眞鑽研，倡導仁義在先，智勇在後。

唐中宗李顯的皇后韋后毒死了中宗，立中宗十六歲的幼子李重茂為帝，尊韋后為太后，臨朝稱制。

相王的兒子臨淄王李隆基，目睹韋后的暴虐行徑，痛心疾首。他與姑母太平公主等秘密策劃，決定興兵靖逆，先發制人，誅殺韋黨。經過幾番縝密的思考，李隆基決定採取如下措施：一、派太平公主的兒子薛崇簡到羽林軍去，利用羽林軍內部矛盾，策動其主要領導李仙鳧等倒戈，約期舉事；二、買通羽林軍總監鐘紹京，讓他及時打開長安城和宮廷的大門；三、招集原來結交的一些豪傑，與羽林軍聯合戰鬥。

入夜，李隆基率兵潛入禁苑，羽林軍早已屯居玄武門。李隆基直搗羽林軍總管韋播的寢處，殺了韋播，然後提著人頭，集合羽林軍，慷慨宣稱說：「韋后毒死先帝，亂中篡權，危害大唐國運。現在奉相王之命，為先帝報仇，捕殺諸韋和一班逆臣，擁立相王以安天下！」這番話得到羽林軍將士的響應和支持。李隆基率領眾豪傑與羽林軍總監鐘紹京帶領的三百兵匠，合兵一處，直趨韋后的寢宮。李隆基見韋后想要逃跑，追上去一刀結果了她的性命。

天亮後，李隆基跑去叩見父親相王，請相王復登王位，即唐睿宗。兩年後，李隆基繼位，史稱玄宗，大唐國運又掀起了新的一頁。

一天，晉文公同大臣子犯討論圖霸之事。文公說：「如今百姓已逐漸安居樂業，我想使用他們，你看如何？」子犯答道：「目前百姓雖然安於生計，但還不知道您講不講信用，也還不了解信用的作用。因此不宜使用。」

於是，晉文公在平時處理政務中，注意取信於民，並且在伐原的戰爭中，作了一次守信義的示範。

當年，晉文公幫助襄王安定王室後，周襄王為了獎勵文公的功勞，賜給晉文公四個邑，即陽樊、溫、原、欑矛，從而使晉國的土地擴展到了黃河北岸。然而，在襄王賜與的四個邑中，原邑不願意歸順晉國。不得已，文公只有起兵用武力征服。

晉文公同大將趙衰來到原邑。在此之前，原邑的首領原伯貫欺騙其部下和臣民，說晉軍在收歸陽樊時，把陽樊的百姓全部都殺了。原人聽後既恐懼又憎恨晉軍，共同發誓死守原邑。隨同的趙衰見此情景，對文公說：「原人之所以不服我們晉國，是因為我們與原之間沒有信用往來的緣故，君主如果取信於原人，那麼原地不攻自然會歸順我們了。」文公採納了趙衰的謀略，與原人約定，如果三天內晉軍攻不下原邑，我們便自動解圍而去。同時還向士兵宣佈：只圍三天，只帶三天口糧。

到了第三天，有原人偷跑出來向晉軍報告說：「城中已經採知晉軍未屠殺陽樊的百姓，準備明天晚上偷偷打開城門，迎接晉軍。」晉軍一些將領得知這一消息，要求文公等一等再撤兵，文公堅決不同意，說：「信用是一個國家的最大財富，要得到人民的支持，全靠它。我們已經發出為期的命令，現在如果不按期退兵，就是失信。如果我們為得到原邑而失掉信用，那就得不償失了。」

翌日天一亮，文公就下達了撤退命令，晉軍立即解除對原邑的包圍。原邑民眾見此情景，都說：「晉侯寧失城，不失信，真是一位有道之君。」百姓紛紛在城樓上插上降旗，有的還偷跑出城追隨晉軍，原伯貫想阻止也阻止不住。晉軍退了不到三十里，原邑就派人來請降。

晉文公在趙衰的陪同下，單車進入原城，百姓見此，更是歡欣鼓舞。原伯貫來見文公時，文公以王朝卿士的禮節相待，並將原伯貫的家遷到河北。委任趙衰為原地大夫，兼領陽樊。留二千兵戍守，然後班師回晉都，此次行動，使文公在民眾中建立起了更高的威信。

戒備第十七

國防要務首推戒備

千萬人的失敗，失敗在做事不徹底，往往做到離成功僅差一步，便終止不做了。

人生的光榮，不在永不失敗，而在屢仆屢起。灰心喪氣是動搖的開端，動搖又是失敗的開端。信心與志氣爲一切事業成功的基礎。

〔原　文〕

夫國之大務，莫先於戒備。若夫失之毫厘，則差若千里，覆軍殺將，勢不逾息，可不懼哉！故有患難，君臣旰食而謀之，擇賢而任之。若乃居安而不思危，寇至不知懼，此謂燕巢於幕，魚游於鼎，亡不俟夕矣！

傳曰：「不備不虞，不可以師。」又曰：「豫備無虞，古之善政。」又曰：「蜂蠆尚有毒，而況國乎？」無備，雖眾不可恃也。故曰，有備無患。故三軍之行，不可無備也。

〔譯 文〕

國家最重大的事務就是國防，而國防的要務則首推戒備。如果在國防上稍有偏差，則會導致國家的滅亡、全軍覆滅，無可挽回，這才是最可怕的事情！因此，國家一旦有了危難，上下就要團結一致，廢寢忘食，共謀策略，選拔有本領的人擔任將帥，指揮三軍迎戰敵人。如果不能居安思危，就是敵軍打到了家門口也不會警覺，就好像燕子將窩築在門簾上一樣，魚兒在鼎鍋裡游蕩一般，離滅亡的時刻很近了。

《左傳》上說：「對事物沒有計劃不準備到毫無差錯的地步，就不可出師。」又說：「居安思危，妥善安排，預防隨時可能出現的災難，這是古代所推崇的善政。」又說：「黃蜂與蠍子這一類的小昆蟲都能以毒刺作為防禦工具，何況是一個龐大的國家呢？」如果一個國家輕視了國防建設，就是有百萬之眾，也不足以為依靠，所謂有備無患，就是這個意思。由此可見，三軍將士在出征之前，必得要做好準備。

不備不虞　不可以師

「國家最重大的事務莫過於守備防務。」古人亦云：「不備不虞，不可以師。」大意是無準備、無計劃，就不能出師作戰。

蜂蠆是種小毒蟲，爲防止入侵之敵，常將毒刺備在身上；狡猾的兔子爲了避免傷害，亦要爲自己預備三個好藏身的窩。

動物界的小精靈尚且知道防備幾手，以應不測；人類處世行事，更應懂得有備無患的道理。遇事有備則勝。臨時抱佛腳、倉促上陣，總免不了手忙腳亂出差錯，軍事上尤爲如此。軍國大事，關係到國計民生，要想不出差錯，不可準備不足，就是平民百姓要圖成功，做得如意，事先亦要下苦功、花大力氣。

諸葛亮用「燕巢於幕」、「魚游於鼎」兩個成語，既形象生動，又準確深刻地說明了居安思危、常備無患的重要性以及放鬆戰備的危害性，使人們不得不三思。緊接著一句「亡不俟夕矣」，更有震聾發聵之效用。

春秋時代，齊桓公派管仲為相的消息傳到魯國，魯莊公勃然大怒，痛恨齊國和管仲要了他，發誓要親手殺死管仲，並立即下令整兵備戰。齊桓公得知魯莊公要進攻齊國，想先下手為強，出兵攻打魯國，管仲急忙勸阻：「主公剛即位，本國還沒有安定，百姓尚未安居樂業，與各國的關係也還沒搞好，現在還不是出兵的時候！」可是齊桓公不聽管仲的諫勸，親自率領大軍去攻打魯國。結果在長勺一戰，齊國軍隊大敗。

齊桓公這才醒悟，向管仲認了錯，並按管仲的建議，對外與各諸侯國交好；對內整頓好內政，發展生產，富國強兵。幾年努力後，終於成就了霸業，當了各諸侯國的首領。

戰國後期，趙王派大將李牧守衛北部邊防，抵禦匈奴。

但李牧在雁門（今山西東北部）一帶一駐數年，始終是積極備戰，謹慎防守，不主動出戰。匈奴人以為李牧不敢和他們交鋒，就連李牧的一些士兵也認為主將怯敵。

趙王聽說李牧一味備戰防守，並不出戰，很不滿意，派人督責。但李牧依然不改守備方針。趙王遂撤下李牧，讓別的將領頂替他。但也就是從這時起，趙國北疆的形勢急轉直下。李牧戍邊之時，與匈奴相持數年，國土無喪失，軍隊無傷亡，邊境人畜兩旺；自從換了主將，只一年多時間，趙軍就與匈奴交鋒數次，且連連失利，部隊傷亡很重，邊境地帶的農牧生產也遭到破壞。

趙王只好請李牧復出戍邊。李牧提出：只有同意自己實行原來的守備方案，才能領命。趙王只得應允。

李牧回邊防線，和以前一樣，抓緊練兵，親自教士兵騎馬射箭。他要求士兵小心管理烽火臺，匈奴來犯時應該迅速收歸牛羊，進入陣地自保，不可擅自出擊。他還派軍士打扮成牧人模樣，深入匈奴境地了解敵情，隨時掌握情況變化。就連隊伍內的軍職設置也完全是根據實戰需要，租稅收入作為軍卒的糧餉，統一歸大本營掌管。再加上李牧體恤手下將士，不斷改善士兵的生活，軍士都希望殺敵立功，報效主將對自己的恩德，士氣非常旺盛。

匈奴人始終以為李牧怕他們，一點也沒覺察李牧已備好一千三百乘戰車、一萬三千匹戰馬、十萬名優秀射手和五萬人組成的衝鋒隊。一場大戰就在眼前。

這一天，許多牧民把成群成群的牛馬趕到原野上放牧。舉目而望，遍地牛馬羊。

匈奴人見有利可圖，就派小股部隊衝過來，試驗李牧。李牧丟下數千人敗逃。匈奴人以為李牧實實在在是個膽小鬼。匈奴單于得報，決定親率大軍南下攻趙。

豈料，李牧敗退只是誘敵之計，他佈下許多奇特戰陣，將軍奮勇，士卒爭先，這一仗，大破匈奴十萬鐵軍。從此，匈奴十分懼怕李牧。十餘年不敢南侵。

習練第十八

整齊劃一，井然有序

一個人若能將全部生命的時間花費在一點上，必定有一種意外的成就。我們的事業之夢，往往被鎖在環境的鐵櫃之中，歸時間之神保護，必須用全部生命之力，與之搏戰，用戰勝之手奪回。同時亦是意志、毅力的磨煉。如果對事業有一種朝秦暮楚的特性，或時作時輟的病態，則是一個無可醫治的死症。

〔原　文〕

夫軍無習練，百不當一，習而用之，一可當百。故仲尼曰：「不教而戰，是謂棄之。」又曰：「善人教民七年，亦可以即戎矣。」

然則士不可不教，教之以禮義，誨之以忠信，誡之以典刑，威之以賞罰，故人知勸。然後習之，或陳而分之，坐而起之，行而止之，走而卻之，別而合之，散而聚之。一人可教十人，十人可教百人，百人可教千人，千人可教萬人，可教三軍，然後教練而敵可勝矣。

〔譯　文〕

部隊如果不進行應有的教育與訓練，則一百名戰士也不及一名經過正統教育與訓練的士兵；部隊如果進行了應有的教育與訓練，則一名戰士可以抵擋百名敵軍。

所以孔子說：「不讓百姓進行應有的教育與訓練就派他們去參加戰鬥，等於讓他們去送死。」又說：「如果讓善於作戰的人用七年時間進行教育與訓練百姓，那麼馬上讓他們投入戰鬥，而且人人都英勇善戰！」

這就說明了要使百姓投入戰鬥，必須在出征之前對他們進行教育與訓練，在教育與訓練之中使他們明白什麼是禮，什麼是義，使他們有忠信的思想，明白賞罰的界限，並用賞罰來制約他們的行為，使他們自覺進步。然後進行戰術、技術訓練；列隊與戰術，起立坐下，立定行進，前進後退，集合解散，使他們整齊劃一，井然有序。

這樣以一教十，十教百，百教千，千教萬，就能使三軍都受到教育訓練，然後，再加強他們的戰術技術訓練就能上戰場打敗敵人。

不教而戰　是謂棄之

用兵一時，養兵千日。這個「養」絕不是讓士兵吃好、玩好、睡好，重要的是使他們吃苦耐勞，練就殺敵的過硬本領，臨戰不驚，處變有術，靈活機動，百戰不殆。沒有經過教育、訓練的士兵，即使一百人也抵不上一人。經過教育、訓練的士兵，用之於戰場，則可以一當百。孔子說：「用沒有經過訓練的人去作戰，無異是讓他們去送死。」「派有本領的人教練百姓，七年之後，百姓也能英勇善戰。」所以，參戰者事先不得不進行正規化教練，對他們以禮義來教導，以忠信來教誨，以法紀來警戒，以賞罰來化育。並以戰術、技術進行嚴格訓練。

一個書法愛好者要參加書法比賽，欲落筆驚人，奪魁獲冠，平時就得持之以恆地臨帖習字，夏練三伏，冬練三九。

寶劍鋒從磨礪出，梅花香自苦寒來。做任何事，欲出手不凡，不鳴則已，一鳴驚人，事前少不得刻苦磨煉。走終南捷徑，投機取巧，終究成不了大氣候。

訓練軍事技術應有的放矢，從實戰出發，提高軍兵的作戰本領。鄭成功訓練軍兵就很有特色。他挑選水兵軍士，先要經過嚴格的考試，只有那些手持大刀和鳥銃槍而能在海裡游泳，並能將胸膛露出水面的人才能入選。

在水軍操練時，鄭成功要求極嚴。將領站在指揮臺上用旗號或用螺號聲指揮，將士們在海中操練，跳躍起落，矯捷非常，猶如在地面上一般。

鄭成功親自向陸軍士兵傳授五梅花操陣法等戰術，日夜督促操練。他還訓練了一支精銳的「虎衛親軍」，號稱「鐵人」。能入選「虎衛親軍」那可不是容易事，據說只有能舉起演武場上重達三百斤的石獅子才行。這支隊伍的兵士全都頭戴鐵面具，身穿鐵臂鐵裙，手持大刀，身背弓箭，既能遠攻，又能近戰，銳不可當。

就是憑著訓練有素的水軍和「鐵人」，再加上善於用兵，鄭成功屢敗清軍，並大敗荷蘭侵略軍，收復了臺灣。

軍蠹第十九

害群之馬不可留

人有所好，亦有所惡，與道義相悖之人或事，自然該深惡痛絕。然而懲罰犯大錯之人應把握度，繩之以法。教育、批評犯小錯之人，則以公平正直之心，循循善誘，動之以情，曉之以理，使之幡然醒悟。

〔原　文〕

夫三軍之行，有探候不審，烽火失度；後期犯令，不應時機，阻亂師徒；乍前乍後，不合金鼓；上不恤下，削斂無度；營私徇己，不恤饑寒；非言妖辭，妄陳禍福；無事喧雜，驚惑將吏；勇不受制，專而陵上；侵竭府庫，擅給其財。此九者，三軍之蠹，有之必敗也。

〔譯　文〕

軍事行動中，有幾種情況可以導致全軍潰敗：一、對敵情偵探得不細緻、準確；在傳遞消息時不依從規定進行，與實情不相符合；二、不遵循命令，耽誤了集結時間，使整個軍事行動受影響，從而錯過了戰機；三、不服從指揮，不服從調度，忽前忽後，七零八亂；四、上級不體貼下級，只是專門聚斂獲取；五、營私舞弊，不關心所屬部隊的生活；六、聽信誹謗言辭、神鬼怪兆，亂測凶吉禍福，騷擾軍心；七、戰士不嚴守秩序，吵鬧喧嘩，擾亂了將帥的決策與執行；八、不執行命令，擅作主張；九、貪污現象嚴重，侵佔公共財物，為所欲為。這九種弊病是禍害三軍的蛀蟲，部隊中如果存在這些弊病，必定要失敗。

三軍之蠹　有之必敗

「蠹」乃是一種從裡面專門咬書、咬衣服、啃木頭的蟲子，甚至能毀壞這些東西。以用兵的九種錯誤，比作軍中之「蠹」，說明這是毀滅軍隊的內部因素，不得不引人深思。

部隊中有「蠹」，國家中也有「蠹」，各行各業同樣有「蠹」。軍中防「蠹」則戰無不勝，國家防「蠹」則興旺發達，企業防「蠹」則紅火，個人防「蠹」則進步。

唐代玄宗，開始亦很有作爲，國家一時升平安定，大有一番興旺氣象，後被楊貴妃、李林甫、楊國忠所「蠹」，從而敗政敗國，致使人民痛苦不堪。爲官者能否記取歷史上「蠹」蟲蛀國的事例呢？

「流水不腐，戶樞不蠹。」生命在於運動，國家、軍隊在於防範。沒有腐敗弊端，則可長治久安。

後漢初年，漢主劉知遠命張從恩為主帥，李萬超為副將，出兵抗擊契丹。不多日軍隊抵達潞州，契丹軍聞訊迎上前來，看到契丹兵如黑雲壓城一般，主帥張從恩嚇得魂飛魄散，想和李萬超商量棄城投降，李萬超堅決不從，他們意見不合，張從恩也不敢將數萬大軍擅自帶去投奔契丹。只好把軍隊裡的一切事務交給回家服喪期滿的前驍騎將軍王守恩，自己則攜著印符，帶著隨從投奔契丹去了。

李萬超看在眼裡恨在心頭，滿腔義憤對部下說：「我們現在像落在老虎口中的一塊肥肉，敵人給我們喘息機會是很短暫的，要麼被老虎吃驚掉，要麼把老虎打死，二者必需居其一。」將士決定陪李萬超一起死拼。他們一面吶喊，一面向契丹使者的住處殺去，傾刻間百餘名契丹兵就命喪黃泉了。群龍不能無首，李萬超和將士們都推選王守恩做統帥。事後，漢主派將軍史弘肇率兵渡河前來撫慰，並加強防禦契丹軍再度來犯。史弘肇認為主帥應該是李萬超，勸他自立為帥，並說他可以去殺死王守恩。

李萬超斷然拒絕說：「萬萬不能！」他還講推選王守恩為主帥是從國家利益的大計出發。現在如果殺死王守恩替自己謀利，這不是他的本意。
史弘肇非常佩服李萬超的品格和見識，上書漢主為李萬超請賞加封，漢主劉知遠提拔他為先鋒馬部軍都指揮使。

公元前五七〇年，晉國在曲梁舉行軍事檢閱。悼公的弟弟揚干，仗恃著哥哥是君主，違犯軍紀，其乘坐的車子擾亂了前往參加閱兵盟會軍隊的隊列。執掌軍法的中軍司馬魏絳執法無私，殺了揚干的戰車禦士，以示懲罰，晉悼公得知這件事後，十分生氣，他對中軍尉的助手羊舌赤說：「會合諸侯，舉行閱兵，本來是光榮和榮耀的事情。可是，我的弟弟揚干卻此時受到了懲罰，這是多麼大的恥辱。我一定要殺掉魏絳，不能放過他。」羊舌赤回答說：「魏絳是一個忠厚之人，對人沒有二心，事奉主公辦事不逃避任何危難，有了罪過也不會逃避刑法。他肯定會自動前來請罪的，何勞主公下令呢？」果然，話音剛落，魏絳就到了。
原來，魏絳聽到悼公對自己殺了其弟揚干的車夫很生氣，表示要殺自己，於是就想了一條脫身之計。他先寫了一封給悼公的信，然後帶著這封信來向悼公請罪。只見他來到悼公的駐地，把信交給悼公的侍衛，接著，抽出寶劍準備自殺。站在一邊的士魴、張老連忙制止他。悼公打開魏絳的信，信中寫到：

「當初主公缺乏人手，讓臣下擔任司馬之職。我聽說軍隊服從紀律叫做武，參軍後寧死不違軍紀叫做敬。主公會合諸侯，我怎敢不執行軍法軍紀。主公的部隊不守軍紀，軍中官吏不執軍法，那麼，再沒有比這更大的罪過了。我正因為怕犯下這一大罪，才敢連累揚干。當然，我也有罪過，我對下屬有失訓教。在維護軍紀時，對揚干的僕人用了刑，這也是我對軍隊平時教育不嚴的過錯。我的罪過很重，請把我交給司法官處死。」

魏絳把揚干違反軍紀和對揚干僕人用刑都說成是自己的過錯，實際上是正話反說，這一招果真奏效。悼公讀完信後，來不及穿鞋，光著腳就跑出來見魏絳，並對他說：

「我原先所說袒護揚干的話，是出於手足情誼。你對揚干僕人的治罪，是按軍法辦事，我對弟弟沒有管教好，使他犯了軍紀，是我的過錯，你要是自殺，就是加重我的過錯，請你一定不要自殺。」

隨後，悼公設宴招待魏絳，並認為他能執法無私，提升他作了新軍副帥。

腹心第二十

為將者，必須有自己的親信

選拔人才是用人的第一步，與建立一種能激勵與挖掘人的潛力機制同樣重要。

在激烈的競爭之中，人才是成功的要素，而重新發現和不斷發揮人的潛力則是制勝的王牌。

好人易得，能人難求，完人則無。一旦看準，就要敢於使用，發揮其才幹學識，為事業的發展致力。

〔原　文〕

夫為將者，必有腹心、耳目、爪牙。無腹心者，如人夜行，無所措手足；無手足者，如冥然而居，不知運動；無爪牙者，如饑人食毒物，無不死矣。故善將者，必有博聞多智者為腹心，沉審謹密者為耳目，勇悍善敵者為爪牙。

〔譯 文〕

作為將帥，必須有自己的親信，從而共同商討事情，有為自己偵探消息、通風報信的人員，有堅決執行自己的命令、輔佐自己的爪牙。沒有親信心腹的人，好比人在黑夜之中行走，手足不知向何處摸索；沒有耳目的人，好比盲人生活在黑暗之中，不能做自己想做的事；沒有爪牙的人，好比一個人饑不擇食，吃了有毒的食品，沒有不中毒死亡的。所以一個好的將領，必然會選拔學識淵博、足智多謀的人作為自己的心腹，一定會選拔聰明機智、嚴守機密、謹慎行事又有很強判斷力的人做自己的耳目，並挑選勇敢、剽悍的戰士做自己的爪牙。

爲官爲將 必備「智囊」

無論是古代做官爲將者，還是現在當領導、作頭兒的，身邊少不得一幫替自己出謀劃策、忠心效力的貼心人。「心腹」、「耳目」、「爪牙」聽起來有點刺耳，古時確有幾份光彩，惟有博學多謀、勇敢善戰者任之。

選作「心腹」者不應是奉迎拍馬的「馬屁精」，應是古道熱腸、足智多謀的賢士。

選作「耳目」者不是捕風捉影、無中生有打小報告、心術不正之人，而是機智聰明、善於思慮、明辨是非的人才。

選作「爪牙」者應是那些「士爲知己者死」的勇猛實幹之士。爲官爲將者能充分利用他們，發揮他們各自的作用，則是掌握好了「領頭雁」的本領。如此，既有人幫助出點子、想辦法，又有人提供可靠消息，還有吃苦耐勞做實際工作之人，那麼，不管你是執政一方的官員，還是馳騁沙場的將領，都會無往不勝，順利達到目的。

項羽和劉邦，論兩人的才幹和武藝，劉邦是無法與項羽比的；論楚漢兩軍的實力，楚軍也佔絕對優勢。然而，最終的結果卻是項羽大敗，最後在烏江自刎；劉邦全勝，當了皇帝。這關鍵就在「心腹」。劉邦得到了張良、蕭何、陳平等一批傑出謀士，而且能完全信任他們，聽從他們的計謀，得到了韓信這樣傑出的帥才，並能放手讓他去帶兵征戰；有周勃、樊噲肯於效死命的悍勇大將。而項羽卻處處剛愎自用，用將不當，所以說關鍵還是在於「心腹」。

秦朝滅亡後，劉邦和項羽為爭奪天下展開了殊死決戰。劉邦為牽制項羽，命令韓信從側翼迂迴。韓信能征善戰，僅用四個月的時間就滅掉了魏國、代國，越過太行山，逼近趙國。

趙王歇和趙軍統帥陳餘率領二十萬兵馬集結在井陘口。謀士李左車向陳餘獻計道：「韓信乘勝而來，銳不可擋，但他們長途跋涉，必定糧草不足。我們井陘這個地方山路狹窄，車馬難行，漢軍走不上一百里路，糧草必然落在後面。我們派三萬精兵從小路截斷他們的糧草，再深挖溝、高築壘，堅守營寨，不與他們交戰，用不了十天，我們就可以活捉韓信。」

陳餘笑道：「兵書上說：兵力比敵人大十倍，就可以包圍他，韓信不過二、三萬人馬，我們怕他做什麼？」一口回絕了李左車的建議。

韓信得知陳餘不用李左車的建議，暗暗歡喜。他以背水為陣和疑兵之計一舉擊潰趙軍，殺死陳餘，活捉了趙王歇，然後出千金重賞，捉拿李左車。

幾天後，李左車被緝拿歸案。眾將士以為韓信必殺李左車無疑，但韓信一見李左車，立即上前親自為他鬆綁，並請李左車坐在上座，自己坐在下手，儼然是弟子對待師傅。

李左車道：「敗軍之將，不敢言勇；亡國之大夫，不可圖存。我是將軍的俘虜，將軍何以這樣對待一個俘虜呢？」

韓信道：「從前，百里奚住在虞國，虞國被消滅了，秦國重用了他，從此才強大起來。今天您就好比是百里奚，如果陳餘採用了您的策略，我早已是您的俘虜了。正因為陳餘不聽您的建議，我才能有今天的勝利。我是誠心向您請教，請您不要推辭。」

李左車見韓信真心敬重自己，這才開口說道：「將軍連克魏、代、趙三國，再去攻伐燕國，倘若燕國憑險而守，將軍恐怕要感到力不從心。」

韓信問：「先生認為該如何是好呢？」

李左車道：「將軍一日之內擊敗趙國二十萬大軍，威名遠揚，燕國不會不知道的。將軍挾此餘威，一面安撫將士和趙國百姓，一面派一使者去燕國，曉以利害，則可不戰而使燕國屈服。」

韓信大喜，連聲贊嘆：「先生高明之極，就這樣辦！」

韓信當即修書一封，在信中闡明了漢軍的得天獨厚優勢，分析了燕國的處境及戰與降的利害，又派了一名能言善辯的使者把信送往燕國。同時，又按照李左車的建議把軍隊調到燕國邊境線上，擺出一副咄咄逼人的進攻架勢。

燕國君臣早已得知趙國滅亡的消息，今見韓信大軍壓境，無不惶恐。燕王看了韓信的書信後，立即表示同意歸降。

韓信只憑一紙書信，未費一兵一卒，就順利地拿下了燕國。

謹候第二十一

謹慎有律　紀律嚴明

人民如果對統治者缺乏信任，這個國家就沒有穩固的基礎，就難以立足。打天下，靠的是詭詐，唯其如此，才能出奇制勝，戰勝敵手。治天下，靠的是禮義，唯有如此，才能以禮法治國，深得民心。戰略要藐視敵人，戰術要重視敵人，敗軍喪師往往是由於輕敵導致的。

〔原文〕

夫敗軍喪師，未有不因輕敵而致禍者，故師出以律，失律則凶。律有十五焉，一曰慮，間諜明也；二曰詰，誶（音：歲）候謹也；三曰勇，敵衆不撓也；四曰廉，見利思義也；五曰平，賞罰均也；六曰忍，善含恥也；七曰寬，能容衆也；八曰信，重然諾也；九曰敬，禮賢能也；十曰明，不訥讒也；十一曰謹，不違禮也；十二曰仁，善養士卒也；十三曰忠，以身徇國也；十四曰分，知止足也；十五曰謀，自料知他也。

〔譯　文〕

大凡將帥出師作戰失敗，都是由於輕視敵人而導致的惡果，所以軍隊出師作戰都必須有嚴格的紀律、條令，如果軍紀鬆懈，必然導致滅亡。

軍紀、條令應有十五條：一叫做慮，必須細致地考慮、策劃，偵察敵人的所有情況；二叫做詰，要盤問、追查，搜集敵方情報，並判斷情報的真假；三叫做勇，雖然敵人陣勢強大也不會屈服；四叫做廉，不被眼前的利益所誘動，而是以義為重；五叫做平，也就是賞罰公正，公平合理；六叫做忍，能忍辱負重，寄予將來能完成更大的使命；七叫做寬，能寬宏大量，包容一切；八叫做信，就是能忠信、誠實，信守諾言；九叫做敬，對有才德的人能以禮相待；十叫做明，能明辨是非，不聽信讒言；十一叫做謹，能做到嚴謹、慎重，不違犯禮法；十二叫做仁，能做到仁愛，並無微不至地關懷、體貼下級官兵；十三叫做忠，忠心報國，為了國家的利益，就是赴湯蹈火也義不容辭；十四叫做分，就是行為有分寸，能守本分，做事量力而行；十五叫做謀，足智多謀，並能知己知彼。

師出以律　失律則凶

諸葛一生惟謹愼，呂端大事不糊塗。謹愼並非拘束、膽小怕事，而是「師出以律」，要求將領治軍用兵都必須依從原則辦事，所以軍隊在出師作戰之前要有嚴格的軍法、軍令。凡是將領率軍作戰，一則是輕敵的原因所帶來的惡果，二則是軍法、軍令鬆懈。

常言道：國有國法，軍有軍紀，家有家規。無規矩就不能成方圓。國家沒有法律，就會混亂不堪；軍隊沒有法規，就成爲一盤散沙；行事沒有原則，就不是任人爲賢，而是任人爲親。這樣，爲官爲將任用之人都是些逢迎拍馬，奸詐邪佞的小人、奴才。

一個企業者不根據原則辦事，沒有嚴謹的制度，其企業必然要垮台、倒閉。一個校長不根據原則辦事，紀律鬆散、混亂，必然要誤人子弟。

歷代將帥都將「仁、義、禮、智、勇、嚴、信」放到重要位置。這樣就能造就一支仁義之師、威武之師。

鄭成功的義軍曾與清軍在漳州附近的江東橋進行過一場激戰。當時，清軍頭領認為鄭成功年輕，沒把他放在眼裡，肆無忌憚地衝了過來，一路上沒有見到一個鄭成功的軍兵，便更加猖狂地衝來。突然一聲炮響，義軍幾路人馬從埋伏之處衝了出來，清軍頓時亂成一團，鄭成功揮兵追殺，乘勝包圍了漳州城。

過了幾天，清廷派出一員善於用兵的大將馬逢知援救漳州。馬逢知帶領四千多名騎兵和步兵，連夜趕赴漳州，到了灌口鎮，仍沒有見到義軍人馬，便下令安營紮寨就地休息。還沒等清軍安好營，忽然四面山上戰鼓齊鳴，殺聲震天。馬逢知連忙下令準備迎戰，可是左等右等，卻不見義軍一人一馬，四下裡鼓聲、喊聲也停了，馬逢知認為義軍只是虛張聲勢，便下令生火做飯。可是清軍剛一點火，四下裡鼓聲、喊聲又響起來。清軍又趕忙準備迎戰。而義軍仍是不出一人一馬。

就這樣，鬧得清軍一夜不得安寧，沒吃沒睡。好不容易熬到天亮，馬逢知登高瞭望，只見漫山遍野都是義軍人馬，只有一條路空空蕩蕩。馬逢知怕義軍有埋伏，可是又無別的路可走，只好派出一小隊人馬偵察前進，大隊人馬隨後跟進，很順利地進了漳州城，馬逢知正在高興，卻被義軍將漳州城緊緊地包圍起來。

原來，鄭成功知漳州城內存糧很少，而馬逢知又是善戰將領，如硬拼義軍會受到很大損失，便決定採取圍困的辦法，消耗削弱清軍。清軍果然被困了四個多月，後來，大批援軍到來，鄭成功才撤退到海澄。

機形第二十二

明機方可乘機，乘機方可制機

事業成敗的關鍵之處，首先貴在能明機，明機方可乘機，乘機方可制機。一事之誤，常招亡國之禍；一足之失，常遺終身之憾；一言之忽，常遭滅身之災。

因其事無大小，物無巨細，都能謹機慎機，故一生無所覆。

〔原文〕

夫以愚克智，逆也；以智克愚，順也，以智克智，機也。其道有三，一曰事，二曰勢，三曰情。事機作而不能應，非智也；勢機動而不能制，非賢也；情機發而不能行，非勇也。善將者，必因機而立勝。

〔譯　文〕

如果愚笨的人能夠戰勝聰明的人，則是違反常理的偶然之事；聰明的人能戰勝愚笨的人，則是合於常理的必然之事。然而聰明的人在一起交戰，則全看掌握戰機的情況了。把握戰機有關鍵三條：一是事機，二是勢機，三是情機。當有利於自己的事情已經發生了，卻不能做出相應的反應，不能算是明智，當形勢已發生變化，有利於自己不利於敵方時，卻沒有克敵制勝的方法，也不能稱為賢者；當士氣變化對我方已很明確有利時，卻不會採取果斷措施，也不為勇敢。所以善於興兵作戰的將帥，一定能根據情況的不斷變化，隨時掌握時機而取勝，也就是因機立勝。

見機行事　當機立斷

機不可失，時不再來。過了這家村，就沒有那家店。做什麼事要想做好，必須抓住最有利的時機。打鐵的要趁鐵燒紅時奮力捶打，種莊稼的要趕最好季節栽插，經商的要抓住高價時機拋出商品……所以說，見機行事，當機立斷者勝；優柔寡斷、錯失良機者敗。

曹劌指揮魯軍大勝齊軍，則是戰機捕捉得好，以逸待勞，一舉成功。曹劌戰後的分析，便是捕捉戰機的方法。率軍作戰應以智取勝，不是以力取勝，怎樣用智？善於捕捉戰機，選擇最有利時機出擊，則可事半功倍，乃是「因機而立勝」之理。

如今商戰十分激烈，精明企業家便善於掌握瞬息萬變的情況，善於審時度勢，在有利時機推出適銷、對路產品，便能一舉成功。

承聖四年五月，王僧辯不顧陳霸先等大臣的反對，廢掉了晉安王蕭方智，迎立貞陽侯蕭淵明為帝，即梁閔帝，改元天成。陳霸先立志要廢掉王僧辯，推翻蕭淵明，撥亂反正。

同年九月，陳霸先準備好了一切，召集徐度、侯安都等商議說：「現在我決定興師討伐，擁戴晉安王，以安天下。我興正義之師，討邪逆之人，定能馬到成功！」

陳霸先命令侯安都先率五百名武士，潛入建康，作為內應。自己與徐度等率軍連夜從徐州出發，向建康逼近，討伐王僧辯。陳霸先的大軍抵達建康時，王僧辯等還蒙在鼓裡呢！先潛入建康的勇士也與陳霸先取得了聯繫，他們從北城喬裝混入王僧辯的內室偷襲他。此刻王僧辯和蕭淵明等正在議事，只聽衛兵報告說：「不好了，陳霸先大軍已到達城下！」王僧辯聽了嚇得拔腿就跑，被喬裝的勇士活捉了。接著勇士們就放起火來，陳霸先看見城內火光衝天，急令士兵攻城。討伐大軍很快就攻下了建康。當夜，王僧辯見大勢已去，乘看守的士兵不備，解下腰帶自縊身亡了。次日陳霸先在建康召開各界人士會議，宣布廢去閔帝蕭淵明，奉立原儲君蕭方智繼位，即梁敬帝，改承聖四年為紹泰元軍。

南宋後期，叛將李全奉蒙古人的命令統率大軍圍攻揚州，南宋將領趙範據城死守，雙方對峙不下。

李全探知揚州城內糧草不足，於是強迫城外幾十萬農民挖壕溝、築土城。壕溝挖後，又引新塘之水灌入溝中，企圖困死揚州城內的軍民。趙範洞察了李全的陰謀，幾次出擊，李全命令士兵嚴守大營，不予理睬。

趙範與其弟趙葵商議說：「李全不肯出戰是想困死我們，我們可設計引誘他出戰，再殲滅他。」趙葵道：「我也曾這樣想過，只是沒有妙計。」趙範說：「李全素來看不起宋軍，倘若他發現有外地宋軍來增援，定然會出城截擊，消滅宋軍，以揚其威，我們何不一試？」趙葵道：「此計甚好！李全不死，揚州城難保，我們大家都將死無葬身之地了。」

第二天清晨，趙範與趙葵率精銳士卒數千人出現在李全的視野中。李全在大營中觀望很久，見所行隊伍打的旗號都是「宋」字，果然認為是外地趕來增援的宋軍。又見人數不多，不堪一擊，於是只帶領幾千人馬離開大營，掩殺過去，企圖把「宋」軍一口吃掉，殺殺宋軍的威風，長自家的志氣。趙範見李全中計，指揮精兵勇猛殺敵。李全大敗，回馬企圖逃回土城，但宋將李虎早已奉趙範之命在土城外等候截殺李全。李全不能逃入營盤，慌不擇路，連人帶馬陷入爛泥中，難以自拔。趙範、趙葵及時趕到，將李全射死。

李全一死，大營中的軍士群龍無首，不戰自退，揚州城隨之解圍。

重刑第二十三

恩不可私加，威不可怒行

恩不可私加，威不可忽行。恩施於親，則眾不服；威行於忽，則眾不懼。一般人誤以為不忽則不威，於是欲立其威，便妄行其忽。威之以法，法行則知恩；限之以爵，爵加則知榮。榮恩並濟，上下有節，為治之要道。

〔原　文〕

吳起曰：鼓鼙（音：皮）金鐸，所以威耳，旌旄旗幟，所以威目，禁令刑罰，所以威心。耳威以聲，不可不清；目威以容，不可不明；心威以刑，不可不嚴。三者不立，士可怠也。故曰，將之所麾，莫不必移；將之所指，莫不前死矣。

〔譯　文〕

吳起說：「軍隊中敲擊鼓鼙、金鐸的目的，就在於引起官兵的聽覺及注意力，從而聽從指揮；揮動旌旗，就在於集中官兵在視覺方面的注意力；而各種法規、禁令、刑罰的目的，就在於管理部隊，促使部隊有統一行動。」

在軍事行動中，以聲音引起部隊的注意，要求部隊聽從指揮時，發出的聲音必須清晰、洪亮；以旗幟指揮部隊作戰時，旗幟的顏色必須鮮明、醒目；以刑罰、軍令來節制部隊的行動時，執法者必須公正、嚴明。

如果以上三條做不到，部隊就會紊亂，士氣就會渙散。所以說，在指揮部隊時，應達到這樣的程度；將帥的指揮旗幟只要一舞動，部隊就能勇猛前進，將帥的作戰命令一下達，全體官兵就會同仇敵愾，拼死向前，死不足惜。

禁令刑罰　所以威心

諸葛亮在這個人人皆知的話題中，借用吳起的話，提出「威耳、威目、威心」的見解。然而成都武候祠的正殿上有對聯說：「能攻心則反側自消，從古知兵非好戰；不審勢即寬嚴皆誤，後來治蜀要深思。」

這就總結了他執法施政能審時度勢、寬嚴適宜。

法度是寬鬆呢？還是苛嚴呢？這自然無定準，一切都要根據當地當時的情況，如果當地當時之勢混亂不堪，非得動武力不可，執法地審時度勢，及時施以嚴厲之法，這樣，苛嚴一些是必要的。如當地當時情形是，人們安份守紀，秩序安穩，而實施嚴峻刑法，法度的作用就適得其反。

總的說來，執法是寬是嚴得因時、因地、因勢而定，都得有利於一個單位、一個集體的生存與發展，有利於社會秩序的安定、事業的繁榮，最重要的是嚴不失度，寬不姑息。

在西周時候，天王為了調動各路諸侯去保衛他，專門修建了許多烽火臺，遇有外敵入侵，情況緊急時，周幽王便下令點燃烽火，這樣一座一座傳下去，各路諸侯見到烽火，就會馬上帶兵赴京城去保衛周幽王。

但是，昏君周幽王為了討好寵妃褒姒，卻不顧他叔父的勸阻，下令點燃烽火。烽火一起，各路諸侯立即帶兵趕來。可是到京城一看，並沒有敵兵，只見周幽王和褒姒在飲酒取樂。各路諸侯面面相覷，不明所以。

最後，才知道點燃烽火只是逗褒姒取樂，眾諸侯個個恨恨而去。

褒姒不知怎麼回事，只見眾諸侯匆匆趕來，又亂哄哄而去，便問幽王是怎麼回事，幽王說是為了逗她一笑，褒姒聽了便冷笑一聲，周幽王還以為從來不笑的褒姒真的笑了，便把一千兩黃金獎給了出主意的人。

過了不久，西戎大軍真打過來了。周幽王嚇得要命，趕忙下令點烽火求救。可是各路諸侯都以為又是鬧著玩的，一個也沒來。結果西戎軍打進京城，殺了幽王，大肆搶劫一番而去。

善將第二十四

善將之要，首推治軍

大家都有一個共守共禁共行之道，使好惡不徇於一己之偏，不縱情任性逞能放欲而為之。

如不想上級無禮於我，則必以此度下級之心，也不敢以此無禮使之。

如不想下級不忠於我，則必以此度上級之心，也不敢以此無忠事之。

〔原　文〕

古之善將者有四，示之以進退，故人知禁；誘之以仁義，故人知禮；重之以是非，故人知勸；決之以賞罰，故人知信。禁、禮、勸、信，師之大經也，未有綱直而目不舒也。故能戰必勝，攻必取。庸將不然，退則不能止，進則不能禁，故與軍同亡，無勸戒則賞罰失度，人不知信，而賢良退伏，諂頑登用，是以戰必敗散也。

〔譯　文〕

從古到今善於率軍作戰的將帥，用兵有四大原則：一、令出如山，對部隊說明什麼是進，什麼是退，使人們知道什麼不該做；二、以仁義，道德觀念教育部隊，使官兵都能知書達禮；三、告誡部隊要明辨是非，使官兵能相互勉勵，規過勸善；四、嚴格執行賞罰，使官兵不敢渙散而有信用。禁、禮、勸、信是部隊的重要規範，如果完全、徹底做到了這四條，就好比主要的支架已搭好了，其它的細小枝節也自然能順利展開，有了法規，具體內容也就明白了。

這樣的軍隊戰之能勝，攻伐必取。沒有能耐的將領做不到這四條：沒有規定，一旦下令撤退，戰士就不能聽從指揮，抱頭鼠竄；下令進攻，就無節制，步調不一致，甚至紛紛逃避，延誤戰機，全軍難逃覆滅的下場；勸告不明，賞罰無度，失信於戰士，上下不齊心，有賢德的人遠走高飛，諂媚奸詐的小人得勢，這樣的將帥率軍出戰，則每戰必敗。

戰之必勝　攻敵必取

帶兵治軍是主將最根本的核心任務，不善帶兵治軍的主將是難以戰勝敵人的。部隊官兵是軍隊的基礎，將士的素質決定著軍隊的戰鬥力，惟有具備高素質的軍隊才能打敗敵人，奪取勝利。官兵素質的高低又取決於軍隊統帥的軍事修養與帶兵治軍的水準。所以，提高將帥的軍事修養，使將帥精通治軍之道，則是軍隊建設的主要方面。諸葛亮的高明之處，就是把教育提在治軍首位，強調通過教育使軍隊中的廣大官兵明禮義、辨是非、知進退，再輔以嚴明賞罰制度，成爲有思想、有覺悟，能自覺遵守紀律的高質量軍隊。

南宋開禧元年春，鐵木真在帖麥該川舉行大會師，討論攻伐乃蠻的計劃。諸將都各持己見，鐵木真滿懷信心地說：「我們選擇建忒該山的有利地形，誘敵深入，必獲大勝！」鐵木真命哈撒兒壓住中軍，以逸待勞，以靜制動。亂將看見鐵木真軍容整肅，帶著本部人馬逃走了。剩下的太陽罕卻率領部下怒死拼命，鐵木真決定採取「避其銳氣，擊以惰歸」的戰術，選擇有利的地勢依山佈陣，伺機打擊敵人。

太陽罕仗著勢眾，便上山討戰。隨後被誘至山坳之中受到四面夾攻，奮力廝殺仍衝不出重圍。自晌午到傍晚太陽罕勢孤力窮，支撐不住，蒙古軍慢慢地縮小包圍圈，紮緊袋口。最後太陽罕矢盡力絕，鐵木真活捉並殺了他，其他諸部落軍隊全被打敗，四處逃命。這一仗大獲全勝。而乃蠻部落的主力遭到毀滅性的打擊，從此一蹶不振。

審因第二十五

順天應民，因時乘勢

除了用武力去征服他人之外，又懂得怎樣在無關大體的地方去順從對方，以贏得他人的靈魂。

在諸多力量中，能善於順應之，因而用之，利而導之，便可事半而功倍。；若背而棄之，違而行之，則事倍而功無。

舉大事的人，必須順天應民，因時乘勢。

〔原　文〕

夫因人之勢以伐惡，則黃帝不能與爭威矣。因人之力以決勝，則湯、武不能與爭功矣。若能審因而加之威勝，則萬夫之雄將可圖，四海之英豪受制矣。

〔譯文〕

能夠順應人民的心願去征討邪惡的勢力，就是黃帝也不能與他們爭威風；能夠借助百姓的力量而獲取勝利，就是商湯王、周武王也不能與這樣的功勞相比。在這種情況下，能審時度勢，以德威感服人，就是天下的各路英雄也會歸服到這樣的將帥之下，四海之內的各方豪傑也甘心情願受這樣的將帥統制。

審時度勢　德威服人

「兵民是勝利之本」。作戰不僅是幾位將領的事，也不僅是戰士的事。而要體現人民的利益和願望。

軍隊作戰，要依靠人民群衆的支援。戰馬離不開鞍，鋼槍離不開栓，戰士上前人民是靠山。作爲領導，負責一個地方的工作，也應當放手發動群衆，走群衆路線，借助人民群衆的力量。

身爲官員將領者，不必事無巨細，面面俱到，宜當調動每個部屬的積極性，其道理很清楚：一個單位，事情有那麼多，僅靠領導者去完成，即使有再大的能耐亦做不完、做不好。俗話說：「三個臭皮匠，頂個諸葛亮。多一個鈴噹多一聲響，多一根蠟燭多一分光。身爲領導人，應清醒地意識到：人民群衆是智慧的源泉，是力量的寶藏，他們中間存在著衆多「諸葛亮」。

明朝正統十四年，明英宗朱祁鎮率領大軍親征蒙古的瓦剌部，在土木堡遭到慘敗，自己也做了俘虜。這次慘敗，大宦官王振要負很大責任。

郕王採納了于謙的意見，下詔宣佈抄沒王振所有財產，並下令懲辦了王振的幾個死黨。當年十月，也先挾持著英宗，攻破紫荊關打到北京城下，在西直門外安營紮寨。大將的主張是死守，于謙指派各個將領分別帶兵出城，在京城九門外擺開決戰的陣勢。他自己率人馬駐守在德勝門外。然後下令關閉全部城門，顯示明軍背城一戰的決心。兵法說：「置於死地而後生」。九門一閉，將士們退路斷了，都決心拼死作戰報效國家。

也先與明軍作戰中敗少勝多，所以也先狂妄地認為，明軍不堪一擊，北京垂手可得。沒想到，一連幾次的進攻都在明軍的迎頭痛擊下受挫。五天激戰，瓦剌軍沒能攻占一個城門，反而死傷慘重。這時各地援兵也趕到北京附近。也先害怕遭到明軍的內外夾擊，趕緊帶著英宗和部隊撤退了。北京保衛戰取得了輝煌的勝利。

晉國是戰國初期的大國，但掌握國家大權的卻不是晉王，而是智伯、趙襄子、魏桓子和韓康子四個人。智、趙、魏、韓四家統治晉國，其中智伯的勢力最大，但智伯並不滿足，時刻想滅亡趙、魏、韓，獨霸晉國。

公元前四五五年，智伯以晉王的名義要求趙、魏、韓各拿出一百里土地和戶口送歸公家，表面上是為公，實際上是為了削弱趙、魏、韓三家的力量。魏桓子和韓康子懼怕智伯，只好忍痛交出土地和戶口，趙襄子一口回絕道：「土地是祖先傳下來的，我不能隨便送給別人！」

智伯聞報大怒，召集魏桓子和韓康子來到自己府中，對他們說：「趙襄子竟敢違抗國君的命令，不可不伐。滅掉趙襄子，我們三家平分趙襄子的土地、戶口。」

魏桓子和韓康子不敢不聽從智伯的話，又見可以分得一份好處，便各自率領一隊人馬隨智伯去進攻趙襄子。趙襄子情知不敵智、魏、韓三家聯軍，急忙退到先主趙簡子的封地晉陽（今山西太原市西南），依靠堅固的城牆、豐足的糧食和百姓的擁戴，以守為攻。

智伯指揮智、魏、韓三家人馬把晉陽城圍得水洩不通，趙襄子與城百姓同仇敵愾，激烈的戰鬥一直打了兩年多，智伯仍在晉陽城外，趙襄子仍在晉陽城內，雙方難以決出勝負。智伯勞民傷財，又恐日久人心生變，千方百計想要儘快結束這場戰爭。

一天，智伯望見晉水遠道而來，繞晉城而去，立刻有了主意。他命令士兵們在晉水上游築起一個巨大的蓄水池，再挖一條河通向晉陽城，又在自己部隊的營地外築起一道攔水壩，以防水淹晉陽城時也淹了自己的人馬。蓄水池築好後，雨季到來。智伯待蓄水池蓄滿水後，命人挖開堤壩，洶湧的大水即沿著河道撲向晉陽城，將晉陽全城泡在水中。但是，全城軍民爬上房頂和登上僅剩六尺未淹的城牆上堅持守護，寧死也不投降。智伯得意忘形，大笑道：「我今天才知道水可以用來滅亡別人的國家！」

趙襄子對家臣張孟談說：「情況已十分危急了，我看魏、韓兩家並非真心幫助智伯，我們今天滅亡了，明天就會輪到他們，你去找魏桓子和韓康子吧！」

張孟談連夜出城找到魏桓子和韓康子，對他們說：「智伯今天用晉水灌晉陽，明天就會用汾水灌安邑（魏都）、用絳水灌平陽（韓都），我們為什麼不聯合起來消滅智伯，平分智伯的土地呢！」

魏桓子和韓康子正在擔心自己會落得與趙襄子一樣的下場，於是和張孟談定下除掉智伯的計策。兩天後的晚上，趙襄子與魏桓子、韓康子共同行動，殺掉守堤的士兵，挖開護營的堤壩，咆哮的晉水頓時湧入智伯的營中。智伯從夢中驚醒，慌忙涉水逃命，但前有趙襄子，左有魏桓子，右有韓康子，智伯被殺死，智伯的軍隊也全部葬身大水之中。

智伯滅之後，晉國的大權旁落在趙、魏、韓三家之中，這就是後來的趙國、魏國和韓國。

兵勢第二十六

依天時、地利、人和，則所向無敵

憑借風勢駕船，可以日行千里，若放縱風帆不收，則有翻船滷歿之災。人若得了勢，好似上天有了階梯，待到失去了勢力，就會一落千丈。踩於風雲交際時，置身於動亂的形勢中，早上榮華富貴，晚上就焦枯了。唉！勢之得失竟是如此的變化不定。

〔原文〕

夫行兵之勢有三焉，一曰天，二曰地，三曰人。天勢者，日月清明，五星合度，彗孛不殃，風氣調和。地勢者，峻嶺重崖，洪波千里，石門幽洞，羊腸曲沃。人勢者，主聖將賢，三軍由禮，士卒用命，糧甲堅備。善將者，因天之時，就地之勢。依人之利，則所向者無敵，所擊者萬全矣。

〔譯　文〕

將領率軍出征應注意三種形勢，即天時、地利、人和，可以說這是戰爭獲勝的基本因素。天時，所指的就是天氣清明，氣候適中，無荒無旱，天象正常，沒有災禍兆頭，這是有利於我軍的自然條件。地利，所指的就是我方工事修築在險峻的地勢之上，有深川、大河作天然屏障，地形複雜，深不可測，僅有唯一的羊腸小道迂迴曲折。人和，所指的就是君王聖明、將帥賢達，軍全上下遵守禮法，整齊統一，戰士人人都願效命疆場，糧餉充足，武器堅利。卓越超群的將領，就是能憑借天時、地利、人和，因此能所向無敵，大獲全勝。

主聖將賢　士卒用命

將帥統兵出師作戰，最應注意的情況是天時、地利、人和，這是奪取戰爭勝利最基本的要素與條件。

所以，出兵之前必須全面考慮衡量各方面的條件，在有利的條件下用兵，不可輕率出征作戰，莽撞行事，不然難以保證攻必克、戰必勝。

對於天時、地利、人和三條，要綜合研究，三者俱得最理想，在情況不允許時，具體情況具體對待。在這三條之中，人和是最關鍵性的一條。惟有「主聖將賢，三軍由禮，士卒用命」，才能克服不利的天時地利條件。不然，天時、地利具備，也可能失敗。惟有軍民一心，團結一致，共同對敵，在戰爭中戰勝強敵，以人和克勝不利條件而取勝。

明朝正德五年，朝廷派遣大理少卿周東核查寧夏軍屯田地。周東為了賄賂劉瑾大量搜括錢財，為此屯田將士義憤填膺。寘鐇看到這些，認為是個良機，就派心腹以誅劉謹為名，煽動這些屯田將士跟著自己叛亂。

四月初五寘鐇置酒邀請城內官員赴宴，趁機將他全部殺死。並指揮叛軍釋放囚徒，撤盡黃河渡船於西岸，還遣兵告諭仇鉞、楊英，勸他們跟隨自己反叛。仇鉞決心將計就計，詐降於寘鐇，與朝廷裡應外合。為了穩住叛軍，拖延時間等待朝廷大軍的到來，仇鉞多次派心腹出城探聽消息，回來都遵照仇鉞事先所囑，向寘鐇報告「官軍旦夕將至」的情報，使得叛軍遲遲不敢動作。

楊英也及時掌握了叛軍情況，乃在一天深夜將船隻奪回東岸，並焚燒了西岸大小二壩積草。第二天被叛軍知道後都驚慌失措，這一壞消息對仇鉞而言卻是喜訊。他卻不露聲色，故作驚訝地說：「情況嚴重，看來官兵準備渡河。」還自告奮勇表示去渡口駐防。其實，仇鉞知道楊英沒有力量渡河進攻，這是調虎離山之計。這樣，城內空虛。寘鐇膽寒，派人請仇鉞去王府議事，就在室內埋伏好親兵，果然，一會周昂就到了，他聽見仇鉞的呻吟以為生病去探視，被伏兵殺死。仇鉞從床上躍起集結壯士，稍經搏鬥便生擒寘鐇，然後派人到叛軍中宣傳寘鐇被擒的消息。傾刻叛兵大潰，四散奔逃。何錦見勢不妙，逃往賀蘭山，後來被擒獲伏誅。

這場短命的叛亂，頭尾只有十九天，就被仇鉞用計平定了。

公元前二〇八年，劉邦率兵西進，路過高陽，酈食其前去求見。劉邦很討厭儒生，聽衛兵說來者是個穿著儒生的衣服、戴著儒生的帽子的人，立刻說：「告訴他，說我沒閒工夫會見儒生！」

酈食其在外面聽見，勃然大怒，道：「我是高陽酒徒，非儒人也！」

劉邦聽來者出語不凡，馬上跑出去迎接酈食其。

酈食其對劉邦說：「閣下兵馬不過區區一萬人，又是深入到秦軍的腹地作戰，要糧沒糧，要補給沒有補給，這不是一件很危險的事嗎？」

劉邦正為自己孤軍作戰、後勤補給困難重重而一籌莫展，急忙向酈食其求救，道：「劉邦才疏智淺，請先生指教。」

酈食其道：「兵法云：『因糧天敵，故軍食可足也。』將軍為什麼不到秦軍的糧倉中去取運糧食呢？」

劉邦見酈食其話中有話，於是更加恭敬地向酈食其請教。酈食其慢吞吞地說：「我們身邊就有一個現成的大糧倉——陳留縣城，那裡面的糧食堆積如山，足夠將軍一萬人馬食用二年有餘，將軍何不揮師先取陳留，以解後顧之憂！」

劉邦道：「還請先生示劉邦奪取陳留的妙計。」

酈食其道：「我與陳留縣令相識多年，願憑三寸之舌去勸說他歸附將軍，如若不從，請將軍夜間帶兵攻城，我在城裡作內應。」

劉邦連連致謝。

酈食其告別劉邦，徑至陳留縣城。縣令見是故人，盛宴相待。席間，酈食其縱談天下大勢，以利害得失示以縣令，不料縣令卻慷慨陳詞，願與陳留共存亡。於是，酈食其便大談守城之計，縣令高興起來，連連與酈食其「乾杯」，不久就喝得酩酊大醉。

酈食其灌醉了縣令，到了夜半時分，悄悄跑到城門下，打開城門，放劉邦的人馬進入城中。可憐縣令還在酣睡中就已成了刀下之鬼。

劉邦奪得陳留縣城，打開糧倉，果然看見糧食堆積如山。從此後，劉邦行軍作戰再不用為籌措軍糧而擔憂，西進途中，不搶不掠，深得百姓擁護，隊伍一天天壯大起來。

酈食其因獻計有功，被劉邦封為了野君。

勝敗第二十七

紀律嚴明，賞罰分明是出師必勝的徵兆

凡事成於有恆，敗於無恆。對於意志堅忍而永不屈服的人，沒有所謂的失敗。

許多聰明的人，他們之所以不成功，則是缺乏堅韌不拔的毅力與勇氣。若一經失敗的打擊，便再也無力站起來就是懦夫。故曰：成功的唯一途徑，就在於堅持最後一分鐘。使自己失敗的人是自己，絕非他人。

〔原　文〕

賢才居上，不肖居下，三軍悅樂，士卒畏服，相議以勇鬥，相望以威武，相勸以刑賞，此必勝之徵也。士卒惰慢，三軍數驚，下無禮信，人不畏法，相恐以敵，相語以利，相囑以禍福，相惑以妖言，此必敗之徵也。

〔譯　文〕

真正具有才能的人擔任著重職要務，缺乏真才實學的人受貶斥在低下位置，全軍將士則情緒高昂，團結一心，上下和睦，戰士聽從指揮，勇猛善戰，部隊威武雄壯，紀律嚴明，賞罰分明，這就是出師必勝的徵兆。戰士懶惰、散漫，目無軍紀，三軍將士畏懼作戰，官兵不守禮規、信義，不害怕刑罰，對敵軍勢力過高估計，內部不團結，相互之間所談的話題都是與私利有關，相互所猜測的事情都是凶吉禍福，並附會各種無稽之談，內部流言蜚語盛行，軍心渙散，這就是出師必敗的徵兆。

賢才居上　三軍悅樂

國家領導人欲建設強大的軍隊，關鍵問題是「賢才居上，不肖居下，三軍悅樂。」即：必須是任人唯賢，人盡其才，使全軍上下同心同德，如此則是必勝之師。如果任用無才德之人統率部隊，必定上下不協調一致，士氣低落，軍紀不嚴，賞罰不當，此乃必敗之師。

軍隊建設問題，幹部隊伍是關鍵一環。俗話說：「上樑不正下樑歪」。作官的念「歪經」、做歪事，部下自然「以歪就歪」；反之，當官的取信於屬下，使部下唯命是從，從而建立良好的「領頭雁」形象，自己首先規規矩矩、紮紮實實地做出個樣子，當官的表率作用，著重在以身作則的榜樣力量。

農村之中，流傳著這樣一句話：「村看村，戶看戶，群衆看幹部。」看幹部什麼？看怎麼說，怎麼做。

唐五德五年，劉黑闥自稱為漢東王，定都洛州。十分猖狂。各處告急求援文書雪片般飛入長安，唐高祖急忙派出李世民領兵討賊。秦王李世民出師大吉，先收復了相州等地。隨後與前來進攻洛水的劉黑闥決戰時，調兵遣將，或夜襲敵軍，或斷敵糧道，或巧用洛水淹賊兵，最終殺得劉黑闥只剩二百人馬逃到突厥去了。

李世民率領得勝唐軍討伐山東的徐圓朗，眼看就將獲勝時，突然被李淵召回，唐軍改由淮安王李神通等人統領，進攻兗州。兗州還沒拿下，劉黑闥已借得突厥兵長驅南下，一路攻城掠地，勢不可擋，李淵只好派淮陽王李道玄為河北道行軍總管，領兵討賊，並命行臺民部尚書史萬寶協同討賊；命齊王李元吉為後應。年僅十九歲的李道玄接到詔命後，便帶領三萬軍兵直抵下博，約史萬寶跟隨前進，進軍討賊。而史萬寶卻以淮陽王作為「誘敵之餌」，自己則「堅守待敵」，拒不領兵出戰。

李道玄還以為史萬寶會領兵跟進，便大膽前進。李道玄一馬當先，飛越河溝，部下唐軍不敢怠慢，紛紛過溝。可是，衆唐軍剛過了一半左右，劉黑闥已帶領大軍，漫山遍野而來。李道玄奮勇拼殺，終因兵力過於懸殊，殺不退重重圍困的敵軍，最後大吼一聲，噴血而亡。眾兵也失去了鬥志，最終唐軍死傷無數，遭到慘敗。

度尚是漢桓帝時的荊州刺史，膽識過人。當時，湖南長沙、零陵一帶，盜賊蜂起，尤以卜陽、潘鴻二賊為烈。度尚奉命進剿，三戰三捷，卜陽、潘鴻兩人被迫退入深山，憑險頑抗。度尚意圖乘勝進剿，一舉平息賊亂，但是官兵們的口袋中已裝滿了金銀珠寶，人人不思再戰，個個渴望回師。度尚見狀，心生一計，說道：

「卜、潘二賊非等閒之輩，現已退入谷中，憑險固守。我軍連連征戰，已疲勞不堪，不便輕進。如今，我正在調集各路兵馬增援，待援兵到達後，合兵一處，一舉破賊。援兵來到之前，弟兄們可以多多休息養精蓄銳；也可以習武練功、上山打獵。」

命令一下，各營官兵無不歡天喜地。開始幾天，官兵們還是有所約束；幾天之後，上山的上山，打獵的打獵，白天幾乎傾營出動，晚上則又吃又喝，鬧得不亦樂乎。

一天，度尚趁軍營中無人之機，暗派親信人員潛入各軍營中，將幾座營盤一把火燒光。到了傍晚，外出行獵的官兵們陸續歸來，見軍營和私囊中的金銀珠寶全部化為灰燼，不由得連連叫苦，又惱又恨。度尚乘機對官兵們說：

「卜、潘二賊著實可惡！不殺不足以平我心頭之憤。卜、潘二賊所居之處，金銀珠寶堆積如山，大家奮力剿殺二賊，今日的損失，明日補回，大家意見如何？」

官兵們無端遭受了這麼大的損失，哪裡還有不願意的。

第二天，度尚出奇兵飛抵卜、潘二賊的山寨，卜陽、潘鴻只道是官兵還在吃喝、行獵，沒有絲毫的防備，被官兵一陣猛殺猛砍，四散逃走，卜陽和潘鴻兩人則被殺死在混戰之中。

荊州的盜賊之亂從此平息。

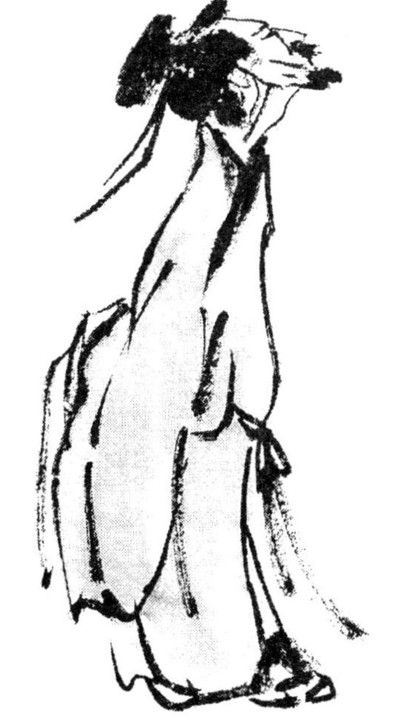

假權第二十八

權力、時勢全靠自我創造

不是時勢造英雄，而是英雄造時勢。如此，奴隸可變成自由人，凡夫可變成英雄，權力的大小，時勢的好壞，全靠自我創造。

得道之人好比步上青雲，失勢之人好比扔在陰溝裡。

早上大權在握，身為卿相；晚上就丟了權勢，成了庶人。惟持身自守，切莫過分。

〔原文〕

夫將者，人命之所懸也，成敗之所繫也，禍福之所倚也，而上不假之以賞罰，是猶束猿猱之手，而之以騰捷，膠離婁之目，而使之辨青黃，不可得也。若賞移在權臣，罰不由主將，人苟自利，誰懷鬥心？雖伊、呂之謀，韓、白之功，而不能自衛也。故孫武曰：「將之出，君命有所不受。」亞夫曰：「軍中聞將軍之命，不聞有天子之詔。」

〔譯　文〕

身為將帥，懸繫著千萬人的生命，關係著戰爭的勝敗，左右著國家命運的衰敗興盛。然而，君主如果不將軍隊的賞罰大權全部放給將帥，則好比用繩索拴住了猿猴的手足，卻斥責他快速攀援樹木，飛奔跳躍；又好比用布帶捆住離婁的雙眼，卻要求他辨別各樣顏色，這都是不可行的事。若是賞罰大權被權臣所操縱，主將無有任何自主權力，上下必定受私心、利慾的驅使，人們都心懷私利，就無人願為國家效命，更無旺盛的鬥志。即使有伊尹、姜太公那樣出類拔萃的才智，有韓信、白起那樣的功績，也難以自保。所以，孫武說：「將領率軍在外作戰，君王的命令有些也可以不接受。」周亞夫說：「在軍隊中，只能聽從將帥的命令，而不聽從君主的詔令。」

將之出　君命有所不受

《假權》強調「將之出，君命有所不受。」即：確保將領臨陣指揮大權，特別是賞罰大權。

假權不等於擅權，不是以撈取大權為目的，不是以逞強賣能為榮，也不是以謀求私利為宗旨。乃是一種靈活性、創造性用權智能，是一種應對不測、成就事業的藝術，是有膽有識、勇於負責任的體現。對國家忠心耿耿，對事業認眞負責的領導者，應該有敢有假權的氣概。

為官為將，如若缺少獨立意識，缺少創新精神，只能仗仰上級發號施令，以長官的意識亦步亦趨，充其量只能算個無主見的傳播命令者。這樣的官也許四平八穩，卻難以對部隊、對百姓有益處。

有創建性的官員，能夠在特殊環境裡，在具體問題上，胸懷大局，關係事業，依從自己的科學分析、正確判斷，自做主張，違抗上級命令，想必事後上級自然能理解，即使不理解、甚至受處罰也問心無愧。

秦軍圍攻邯鄲城，情況危急，趙國便向魏國求援。派使臣相國平原君前去商議，魏王卻遲遲不肯發兵，他很顧慮會遭到秦軍的進攻。平原君只好給魏國的相國信陵君寫一封信告急。可是魏王就是不發兵，信陵君無奈只好隻身前去救趙。

信陵君的門下食客侯嬴是個很有主見的人，他建議信陵君說：「帶這點人去救趙，不僅救不了趙，還要白白送死。聽說魏王調兵的『兵符』就放在他最寵愛的妃子如姬的臥室裡，您對如姬又有大恩，求他幫忙，再帶上我的一個朋友朱亥，此人力大無比，到時也能助你一臂之力。一定能偷出『兵符』調兵救趙。」

果然如侯嬴所說，一切都很順利，「兵符」到手後，信陵君就兵權在握，他挑選了八萬精兵，直奔邯鄲，這一招出乎秦軍所料，又是毫無準備的情況下，腹背受敵，傷亡慘重，只得撤兵。信陵君就這樣用了侯嬴的計謀，很快地解了趙國之圍。

五代後梁末，魏博地區發生叛亂，賀德倫投降後晉，後唐莊宗李存勖進入魏州。後梁將領劉尋將兵力佈在莘縣一帶，修城壘、疏河池。並從莘縣到河邊修好一條通路，專送糧餉。

後梁末帝朱鎮命令劉尋迅速出擊，劉尋說：「晉兵力強大，不易攻打，目前只有等待時機。一旦有可乘之機絕不放棄，豈敢因偷安而導致內部產生危機。」

末帝派人問作戰方針，劉尋答道：「我沒有什麼奇謀，只求給每個士兵發十斛糧食，就可以打敗敵人。」

末帝生氣地說：「將軍是要用米治療饑餓症嗎？」並派特使來督戰，劉尋對部將說：「大將主持戰爭之事，皇上的命令有時也可以不接受。在戰鬥中要根據敵情變化制定對策，豈可先畫出條條框框呢？從目前情況看，敵人已有準備，不可能輕易被擊敗，大家認為何如？」結果一致同意出戰，劉尋聽後默默無言。

有一次，他把眾將集中在營門，給每人發一杯河水，命令大家喝乾，眾將不解其意，有的喝了，有的沒喝。劉尋說：「喝一杯水都如此困難，若是滔滔不盡的河水，又如何能喝乾呢？」大家聽後，面容驚得大變。

當時正逢後唐莊李存勖派兵前來攻擊，劉尋還是不出戰。末帝屢次派人來責難劉尋，要他出戰，劉尋只好率領一萬餘人襲擊魏州，捉了許多俘虜，獲得很多戰利品。不久，後晉軍大部隊來了，劉尋且戰且退，一直退到故元城西邊，在此同唐莊宗與李存審的兩支大軍相遇，處在敵人前後夾擊之中，結果梁軍大敗。

哀死第二十九

不加驚擾，
萬般體恤是將帥的福德

一個國家在興起的時候，領導者對待平民百姓，如同受傷之人，不加驚擾，而是萬般體恤，這就是領導者的福德。

一個國家在臨近滅亡的時候，領導者將平民百姓看成草芥，則是領導者與國家的禍難。

搜刮人民的血汗爲自己，猶如割自己身上的肉充饑，肚子塡飽了，人也死了。

〔原 文〕

古之善將者，養人如養己子，有難，則以身先之，有功，則以身後之，傷者，泣而撫之，死者，哀而葬之，飢者，捨食而食之，寒者，解衣而衣之，智者，禮而祿之，勇者，賞而勸之。將能如此，所向必捷矣。

〔譯　文〕

古代好的將領，對待自己的部屬如同對待自己的子女，遇到困難時，身先士卒，走在最先頭；在功勞榮譽面前，躬身謙退，把功勞榮譽讓給部屬；對待傷殘人員，百般安慰撫恤；當部屬為國犧牲後，能予以厚葬，並妥善安排好其家中後事；在糧食缺乏時，主動把自己的食物讓給部下；在天氣寒冷時，主動把自己的衣服脫給戰士穿；對待有才能的人，以禮相待，並委以重任；對待英勇善戰的人員，也給予及時、恰當的獎賞，並勉勵他們再立新功。作為將帥能做到這幾條，就會所向披靡，每戰必勝。

禮而祿之　賞而勸之

諸葛亮提出「養人如養己子」的說法，與歷代將領的觀念「愛兵如子」是相同的。戰爭，是敵我雙方兵力的較量。戰鬥中常常以兵多取勝，兵寡失敗而告終。統兵作戰的將領本領再大，也要戰士們衝鋒陷陣，才能戰勝強大敵人。

戰爭取勝固然取決於將帥的奇謀妙策與戰士們英勇奮戰相結合，欲使士卒英勇奮戰，卻來自於將領的勵士之法。勵士之法多樣，最佳方法則是愛撫與教戒。聰明的軍事家，都會奉獻自己的一片愛心，以便籠絡士心，激勵士氣。

人，都要以自己的眞心換取他人的誠心，將心比心。將領把自己的誠心奉給戰士，對他們遇之以禮，動之以情，關懷備至，戰士同樣以赤膽忠心報答將領。如此，何愁無人爲自己效命疆場，奮勇衝殺呢？

曹操招兵買馬之時，許多傑出的謀士和武藝高強的武將紛紛前去投靠，典韋就是其中一位，他身材魁梧，驍勇過人，曹操十分喜愛他，並脫下自己身上的錦袍給他披上，還把自己乘騎的駿馬、雕鞍賜給典韋。典韋得到如此禮遇，從此死心塌地的效忠曹操。

張繡投降曹操後，曹操居然霸占了其嫂子。張繡決心殺曹報仇。一天夜裡，張繡用計把曹操的衛士典韋灌醉，偷走了他的鐵戟，然後在曹操寨中放火，曹操見大火燒起慌忙呼叫典韋，典韋這才發現自己的兵器不見了，只好抓起一把士兵使用的刀抵敵，卻不大順手，又抓起兩名士兵當武器，奮起迎敵。敵軍不敢靠近，只得放箭。

虧得典韋死命守住寨門，曹操才得以隻身匹馬從寨後逃走。而典韋則冒著箭雨，寸步不讓，最終血流滿地而死。

東漢末年，董卓專權，他迫使漢獻帝封他為丞相，在朝中橫行霸道，大臣們敢怒而不敢言。

這一天，王允秘密召集一些大臣，商議除掉董卓，但始終想不出好計算來。眼見董卓為所欲為，身為漢朝老臣不能為國除害，為主分憂，有的大臣哭了起來。

正在這時，有個人從座位上站起來，放聲大笑，他說：「大丈夫做事，說做便做，何必像婦孺一樣，哭哭啼啼，優柔寡斷！」眾人一看，乃是曹操。

曹操字孟德，曾為頓丘縣令，黃巾起義後，升為濟南太守，很有才幹。董卓進京後，也看出曹操不是等閒之輩，為培植黨羽，便封曹操為驍騎都尉。曹操表面對董卓也很恭敬，董卓便把曹操當成了親信。

曹操說：「我屈身事卓，就是為了取得他的信任，以便尋找機會為國除害。現在老賊對我越來越信任，我願意拿一把快刀進入老賊居室刺死他！」王允一聽，十分高興，連忙贈曹操一把寶刀。

曹操帶刀來到董卓居室，恰值董卓也有事要同曹操商量，他問曹操：「孟德為何此時才來？」曹操將計就計，答道：「我的馬走得太慢，因此來遲。」董卓立即命侍從到馬廄裡給曹操選一匹好馬，侍從答應著去了。屋中只有董卓和曹操兩個人，曹操見此良機，急忙從懷中抽出寶刀，恰在這時，董卓突然轉過身來，大聲喝問：「孟德何為？」曹操一見董卓發覺，知道再難行刺，靈機一動，連忙跪在地上，雙手平托寶刀，十分謙恭地說：「我近日得到一口寶刀，特來獻給丞相！」

董卓接過一看，果然是把寶刀，心中喜歡，竟沒有懷疑曹操。這時侍從已牽來一匹馬，董卓就帶著曹操到外面看馬。曹操連讚：「好馬！真是一匹好馬，我騎上它試試！」說著，騎上馬，飛馳而去。

原來，董卓已感到自己積怨太多，擔心有人行刺，就在自己的床裡邊安了一面鏡子。所以曹操抽刀之時，他已從鏡中看得清清楚楚。曹操行刺不成，反而白送了一把寶刀。

曹操走後，董卓把孟德獻刀之事對李儒說了。李儒聽後，告訴董卓：「孟德不是獻刀，他是要行刺主公。」董卓一聽，氣得七竅生煙，立刻派人去捉拿，但曹操已不知去向。他本就隻身一人在京城，又無法拿他的家人治罪，董卓只得作罷。

三賓第三十

將帥必須有各類幕僚爲參謀

虛己爲進德之基，自謙爲受敬之階，不念念謙虛，自難心光可掬。不逢人自抑，何能福田廣起？

以財勢傲人固不可，以學問傲人亦不可，以爵祿傲人尤不可；以氣色傲人固不可，以態度傲人亦不可，以言語傲人尤不可。

〔原　文〕

夫三軍之行也，必有賓客，群議得失，以資將用。有詞若懸流，奇謀不測，博聞廣見，多藝多才，此萬夫之望，可引為上賓。有猛若熊虎，捷若騰猿，剛如鐵石，利若龍泉，此一時之雄，可以為中賓，有多言或中，薄技小才，常人之能，此可引為下賓。

〔譯　文〕

將帥率領三軍出師作戰，必須有各類幕僚作為自己的參謀人員，共同研討利害得失，以便輔助將帥之用。有些人能口若懸河，提出一些奇謀妙策。廣見博聞，多才多藝，這是萬中挑一的傑出人才，可以引為將帥的高級參謀。有些人勇猛如同熊虎，敏捷如同猿猴，剛烈如同鐵石，戰鬥中如同龍泉寶劍一般銳利，這些人可以說是一代雄傑，能夠引為中級幕僚。有些人善於發表議論，有時也能言中，卻是小才薄技，只能算是普通之輩，這樣的人，只能引為將帥的下級參謀人員。

三軍之行　必有賓客

將帥統領一支大部隊，必得組織一個強大有力的指揮中心，才能統治全軍指揮作戰，才能開創天下，成就一番大業。

諸葛亮將足智多謀的人列爲「萬夫之望」，作爲將帥的高級參謀；將英勇無敵的武將看作「一時之雄」，作爲將帥的中級參謀。則是強調將帥要以智謀取勝，不是靠蠻力克敵，因此組成指揮部要把謀略放在最重要的位置。

這一點在當代企業管理上，很有參考意義。爲了企業的存續，應有現代管理經營機構，在配備企業管理人員時，不可將營銷人員僅做中層人員安排，也應將那些口若懸河，奇謀不測，博聞廣見，多才多藝的營銷人員納進核心集團，依靠他們的市場信息確定企業的生產品種、生產方向，依靠他們及時銷售產品，以便求得最佳經濟效益。

建武十二年，吳漢率三萬大軍去打成都。劉秀告誡說不要和他們硬拼，只有等他們精疲力竭的時候才能出擊。吳漢很不贊成，根本不把劉秀的話放在心上，毅然率軍向成都進發。在離城十里的滹沱江北岸紮下營盤，搭造浮橋；又派副將劉尚率兵萬人駐紮在江南。把軍隊置於險地來引誘敵人。

這時謝豐前來挑戰，吳漢因與劉尚相距甚遠，因寡不敵眾，敗下陣來。回營躺在床上養傷，將士們心裡沒有底都很著急。吳漢包好傷口，從床上奮然而起，走出帳營對大家說：「我軍將帥和諧，士兵效力，打敗敵人是有把握的。現在，我們只有想辦法和劉將軍合兵一處，共同禦敵，方可大功告成。」

將士們情緒高漲，第三天深夜，吳漢率兩萬人馬渡江南去，與劉尚合兵一處。謝豐每天看見吳漢營地依然旌旗招展，還以為吳漢被困江北而不敢出戰呢。第四天清晨，吳漢和劉尚率領全軍將士迎戰，彷彿神兵天降，謝豐還沒有醒悟過來就被漢軍殺死，漢軍大勝，斬首五千餘級。

吳漢得勝回到廣都。劉秀從內心佩服他，並評價他作戰果敢，令人滿意，威望重大。

公元九六二年隆冬的一個深夜，北風怒號，大雪滿天。宰相趙普由於整日的軍國大事的操勞，顯得十分疲乏，可是，他卻不敢卸衣入睡。自陳橋兵變以後，自己被太祖皇帝委以宰相重任，經常與太祖同榻共飲，太祖也時常來到相府。多年來，為接待太祖的來訪，趙普常常在退朝之後依然身著朝服，不更衣冠，這已成了習慣。

夜更深了，又值風雪彌漫，趙普想今晚太祖不會來了，誰知剛躺不久，就有家奴稟極：「聖上駕到！」趙普急忙穿上朝服，走出門外迎接。只見太祖一行精神煥發的站立在風雪之中。趙普慌忙下拜，隨後把他們請到客廳裡。

在這大雪紛飛的深夜，君臣飲酒暢談，無拘無束，十分融洽，十分投機。

趙普問太祖：「夜深人靜，大雪紛紛，陛下不辭辛勞，親自下顧，不知有何教誨？」

太祖嘆息說：「朕睡不安枕啊！宮牆之外全是別的人家！」

當時，北宋據有黃河中下游地區，而南方廣大的地區還有南唐、吳越、後蜀、荊和閩等小割據政權並立；東北則有強盛的遼國虎視眈眈；還有契丹貴族羽翼下的北漢政權，佔據著太原。

趙普進言說：「陛下憂心天下尚未統一，以愚臣之見，憑陛下之聖明，蕩平天下，指日可待，不知聖意如何？」

太祖沉思片刻，說：「朕欲發兵攻取北漢，而後南征，卿意如何？」

趙普對天下之事了如指掌，對戰爭已深思熟慮，便說：「以臣看來，衡權利弊，北漢地處西北邊陲，不如暫時留下太原，先削平南方各國，然後揮師北上。是時，北漢已是彈丸之地，不攻自破。」

太祖聽後，大加贊賞，說：「愛卿之計，正合朕意！適才所提先打北漢，唯試探愛卿而已！」

遺憾的是，太祖未完成統一南北大業，於公元九七六年駕崩。其弟趙匡義繼承他的統一事業，到公元九七九年，基本上統一了中原和南方地區，從而結束了五代十國的分裂局面。

後應第三十一

防範於未然，謀定而後動

一個國家不可輕起戰端以損國力民力，而致於衰亡；也不可怠於戰備，以削弱軍力戰力，而招致外侮以致敗亡。立國於天地間，可以說平時實爲戰爭的準備時期，戰時則爲戰爭的遂行時期。並有充足的財力、物力作前方將士的後盾。所以，謀國者對謀略的運用，在於以不戰而勝爲上策上謀。

〔原　文〕

若乃圖難於易，為大於細，先動後用，刑於無刑。此用兵之智也。師徒已列，戎馬交馳，強弩才臨，短兵又接，乘威布信，敵人告急，此用兵之能也。身衝矢石，爭勝一時，成敗未分，我傷彼死，此用兵之下也。

能夠做到防範於未然，謀定而後動，在事情還沒有變化成複雜之前便預先有所準備，在事情還沒有變成不可收拾的局勢時便採取了相應措施，在軍隊中制定了嚴明的刑罰卻不必動用，這就是用兵的上等策略，這樣的將領可以稱為明智將領。

在戰場上，將士已佈好陣勢，雙方兵馬交錯，強弩遠射，隨著便是短兵相接，這時，如果將帥能乘機用各種威勢擴大自己的影響，使敵人混亂不堪以致失敗，這樣的將領可以稱為有才能的將領。在戰鬥中，將帥能冒著槍林彈雨，奮勇衝殺，卻只能逞一時之能，敵我雙方都慘遭損失並且勝負不分，這是用兵的下策。

〔譯　文〕

圖難於易　先動後用

不打無把握之仗，不打無準備之仗。主張以智謀用兵，謀定而後動。僅憑血氣之勇，不顧及我軍的損失，蠻打猛衝，乃是用兵之下策。亦是歷代軍事家的一致見解。

治理軍隊達到有嚴明的刑罰但不必動用，則達到了理想境界，全軍將士能自覺遵守紀律，認真執行命令，部隊有條不紊，這樣的軍隊必然具有強大的戰鬥力。

能否做到謀定而動，歷來作爲衡量將帥優劣的重要標準。歷代兵家崇尚的是「運籌於幃幄之中，決勝於千里之外」的大將風度，極力反對那種只憑血氣之勇，只想拼命蠻打的莽夫精神。中國幾千年的戰爭歷上，能使部隊保持常勝不衰乃足智多謀的將帥。

就「謀」來說，含有多方面內容：有對敵我雙方虛實的了解，有把握總個形勢的時機，有迎戰敵人的策略、計劃、戰機及戰場選定，還有通信聯絡、後勤保障等方面。最傑出的將領，不僅使自己的軍隊靈活善戰，還能牽著敵軍的鼻子走。

大興元年，祖逖上書皇帝司馬睿，請求統兵北伐。朝中大臣勸他打消這個念頭，可是他意志堅定，毫不畏懼。同年八月毅然領兵北伐。

渡江以後，祖逖在淮陰招兵買馬，進入中原後一面安撫淪陷的人民；一面孤立、打擊頑固不化、叛國投敵的武裝。在收復地區內，他與人民同甘共苦。大興三年，陳川叛投後，趙石勒、祖逖果斷發動討伐陳川的戰鬥，祖逖知道石勒派石虎領五萬士兵援救陳川認為是勁敵。

祖逖決定出奇制勝，派衛策等率兵一萬攻打陳川，自率大軍兩萬去黃河南岸埋伏，對付石虎。石虎這邊想急速渡河，也不聽部將劉夜堂的勸告，他認為祖逖沒有這個智謀。這邊晉軍正等待出擊的機會。萬頭攢聚的趙軍由遠而近向南岸靠攏……只聽祖逖大喊一聲「殺啊」晉軍兩萬人馬全部亮出兵刃，矢石如暴雨一般，劍戟雪一般投向敵軍。趙軍猝不及防，大敗潰散。石虎見勢不妙，向北岸急駛而逃，黃河以南的大片疆土就歸東晉所有，正當祖逖繼續渡河北上，期待完成國家大業的時候，司馬睿心懷疑懼，擔心祖逖力量過大，不易牽制，便派戴淵擔任都督，節制北方六州諸軍事，監視祖逖。此時祖逖得知王敦、劉隗等勾心鬥角，互相傾軋。他憂憤成疾，於大興四年，在雍抱恨去世。

趙惠文王之時，趙國有個與上卿廉頗、藺相如同等地位的人，他就是趙奢。

趙奢本是一個收稅小吏，執法很嚴，曾殺了平原君趙勝手下九名抗稅家臣。後來，趙惠文王讓他管理全國稅收，又管得有條有理，趙王很信任他。

趙惠文王二十九年，秦國將領胡陽率兵包圍了閼與城（今山西和順）。趙惠文王召集大臣研究。廉頗、樂乘等人都說道路險遠難以救援。趙奢卻說：「在遠征途中的險狹之地打仗，如兩鼠爭鬥於洞中，勇者勝。」趙惠文王遂命趙奢領兵去救閼與。

誰知趙奢離開邯鄲後，只向西行三十里就停了下來，還下了一道命令：「有來談軍事、勸我急速進兵者，斬！」眼見秦軍在武安（今河北武安縣西南）西側晝夜操練人馬，磨刀霍霍，將士們都很著急。有個軍吏實在忍耐不住，來見趙奢，請求速救武安，被趙奢砍了頭。

將近一個月，趙奢仍舊按兵不動，還不停地加固工事，構築營壘。秦國派人到趙奢營中，趙奢用好酒好肉款待他，客客氣氣地送他走了。明知是來刺探軍情，趙奢只是不動聲色。

送走秦國間諜，趙奢立即下令拔營，急行軍一晝夜，來到閼與前線。趙奢還讓善於射箭的軍士迅速到距閼與五十里一帶構築營壘。

秦將胡陽沒想到趙奢會有此一舉，他聽了秦間諜的報告，還以為趙軍駐足不前，自己指日便可奪取閼與。此時方知上當，氣急敗壞地率領全部人馬也趕到那裡。

這時，又有一個叫許歷的軍士冒死來見趙奢，他說寧可受腰斬之刑，也要和趙奢談談作戰問題。這次，趙奢卻說：「前令是在離開邯鄲之時，為迷惑秦軍下的，現在已經過時了，你講吧！」

許歷說道：「要馬上占領閼與北山，先上山者勝，後上山者敗。」趙奢認為有理，立即派一萬精兵火速搶佔北山。

趙軍剛剛登上山頂，秦軍也已來到山下，他們蜂擁而上，山上趙軍箭如雨下，秦軍幾次衝鋒，都沒有衝上去。

趙奢見時機已到，下令總攻。趙奢從四面八方掩殺過來，秦軍棄甲拋戈，狼狽而逃，閼與之圍解除了。

便利第三十二

善得地形地利者勝

天道因則大，化則細。因也就是審時度勢，因人之情。掌握了最高謀略之人，用心如鏡，不將不迎，應而不藏，故可勝物而不傷。因事條理，因勢利導，因時推移，因敵變化。

〔原　文〕

夫草木叢集，利以游逸；重塞山林，利以不意；前林無隱，利以潛伏；以少擊衆，利以日莫；以衆擊寡，利以清晨；強弩長兵，利以捷次，遇淵隔水，風大暗昧，利以搏前擊後。

〔譯　文〕

如果在草木茂盛地帶作戰，只有採用游擊戰術比較有利；在重重險阻與山岳叢林地帶作戰，只有採用突擊的方法，出其不意，攻其不備；在平原地帶作戰，沒有任何隱蔽物的時候，只有採用戰壕作戰；在敵眾我寡的時候，我軍應在黃昏後攻擊敵軍；在我眾敵寡的情況下，應該在清晨時向敵人發起衝鋒；如果武器裝備精良，兵力強盛，就應該用速戰速決的方法；如果隔岸相峙，又有大風沙，視線模糊不清，則應該採取前後夾擊的戰術。

憑藉地形　成功獲勝

地形地物對於作戰來說有極大的幫助，不能很好地利用地形地物，欲奪取勝利，是不可能的。《孫子兵法》中有七篇論及地形，所以說：「得地形地利者勝。」近水樓臺先得月，向陽花木早逢春。用兵作戰，憑藉地形之助，能成功獲勝，其它事情欲成功取勝，同樣要借助地形地勢。

做生意之人，要想盈利，固然要靠信譽、商品質量、經營方式等，也離不開有利的經營地點。選擇經營地點在當今的商家來說，猶如作戰選擇地勢一樣極爲重要。在現實生活中有著便利地勢，就有利於經濟活躍，有利於發家致富；在繁華都市，可以欣賞豐富多彩的文化生活，陶冶人的性格。

在井陘大戰中，韓信首先派人偵察，了解到趙國統兵將領陳餘拒絕了李左車的正確意見，採用單純防守的戰略，所以韓信敢於領軍急行數百里，出敵不意到達離敵軍陣地僅三十里的地方。韓信身邊有一位曾當過趙王趙歇助手，後來被陳餘趕走的謀士張耳，韓信充分信任張耳，和他共商破敵大計，自然更能知己知彼，心中有數了。

於是韓信佈署了兩支部隊：一路是二千騎兵，各帶一面紅旗，從山中秘密運動到趙軍背後的山溝裡埋伏；另一路是一萬人馬，公開開出井陘口，背靠井陘東面的綿蔓河列陣。好引出趙軍大隊人馬，再前後夾擊，斷了趙軍的退路。隨後，韓信令旗一揮，河邊的漢軍和占領敵營的二千騎兵立即兩面夾擊，一舉擊敗了趙軍，趙王被俘，陳餘被殺。

這一仗，韓信用僅有的三萬軍兵，戰勝了擁有二十萬大軍並且據有井陘天險的趙軍。

南宋初期，民族英雄岳飛屢創金軍，金軍統帥兀術對岳飛又恨又怕。一次，兀術探聽到岳飛駐軍在郾城，身邊只有少數騎兵和步兵，就集中了自己最精銳的「鐵塔兵」和「拐子馬」，氣洶洶地殺向郾城，企圖一舉擊敗岳家軍。

金兀術的「鐵塔兵」名不虛傳，他們頭戴鐵盔、面罩鐵網、身穿鐵甲、腳穿鐵靴，連坐騎身上也披著鐵甲。「拐子馬」是配合「鐵塔兵」行動的輕騎兵，它們位於「鐵塔兵」的兩側，機動靈活。

岳飛對金兀術的「鐵塔兵」和「拐子馬」早有所聞，並制定了破敵的對策。岳飛對士兵們說：「『鐵塔兵』固然厲害，但他們太笨重，離開戰馬就一事無成，而『鐵塔兵』的坐騎偏偏有四條腿毫無遮掩地暴露在外邊，我們只要砍斷一匹戰馬的腿，一隊『鐵塔兵』就都一籌莫展。『拐子馬』只能在兩側出去，我們集中力量攻擊中間的『鐵塔兵』，『拐子馬』就失去了優勢，與普通騎兵毫無差別。」

岳飛組建了一支盾牌軍，盾牌軍的士兵左手持特製大盾牌，右手握一把專門砍馬腿用的麻紮刀，並針對「鐵塔兵」的行動特點進行了多次演練。

金兀術統領一萬五千名「鐵塔兵」和「拐子馬」兵浩浩蕩蕩地殺至郾城，岳飛先以盾牌軍迎戰「鐵塔兵」，後以精騎兵殺入敵陣。盾牌軍以盾牌護身，以麻紮刀砍馬腿，馬腿一斷，「鐵塔兵」一個個從戰馬上摔下來，寸步難行，岳飛的精騎兵乘機衝入，配合盾牌軍將「鐵塔兵」消滅，待兀術的「拐子馬」殺回自己陣中時，「鐵塔兵」已經所剩無幾。金兀術眼看自己苦心經營的「鐵塔兵」損失殆盡，傷心得放聲大哭。

應機第三十三

把握時機，當機立斷

一個人必須待時之明訓，惟時不可失，機不可遠，時機一到，必能把握住。時機一縱即逝，一逝則不再來，惟待時也不能如同守株待兔。作為一名領導者，更不應抱著期待的態度，非至萬不得已之時，不可如此。

〔原文〕

夫必勝之術，合變之形，在於機也。非智者孰能見機而作乎？見機之道，莫先於不意。故猛獸失險，童子持戟以追之，蜂蠆發毒，壯夫彷徨而失色，以其禍出不圖，變速非慮也。

〔譯文〕

必勝的要訣是把握情況變化。指揮部隊的方法是出其不意，攻其不備。不是聰明的將領，又怎麼能把握時機、當機立斷呢?掌握時機的要領在於出敵不意。所以猛獸離開了山區,失去了山險作屏障,就是個孩童手持長戟也能夠追擊它。可是,小小的毒蜂僅憑自己的毒刺,就可以使強壯大漢不敢靠近。然而對於敵人,要使他們的災禍突然出現,防不勝防,難以預測,就要出其不易,這才是最好的制勝方法。

見機之道,先於不意

兵法云:「出其不意,攻其不備。」

諸葛亮曰:「見機之道,莫先於不意。」

善於運用戰機,出奇攻敵,這樣攻必克,戰必勝;見機不用,有機不乘,用機不速,機則易失,戰則難勝。自然界中的動物爲了鬥敗敵方,也懂得瞅準時機迅猛出擊;人類要想打敗敵方,更需要見機而行,出其不意。

商場如戰場。信息轉眼而到,瞬間而失,看不準機會,就難以用最快的速度,趕超在同行之前佔領市場。如做服裝生意的,應極力把握住消費者的消費趣味,根據服飾流行的趨勢,用新的款式爆出冷門,趕超服裝市場的新潮流。

要想安身立命,就要掙個「飯碗」。爲了自己的「飯碗」,就會與人競爭。必然要想方設法,尋找機會壓倒對手。那麼,怎樣去尋找機會?怎樣使美夢成現實呢?

辛棄疾有個當和尚的朋友叫義端，深通兵法。手下也聚集了一千多義兵，辛棄疾為壯大隊伍，勸他率部歸順了耿京共同抗金，可是這傢伙卻心懷鬼胎，時時抱著降金的念頭。在一個夜晚，他偷了耿京的符節印綬逃之夭夭。耿京立下令狀：三天之內抓住叛賊。

這位雄姿英發的儒將，憑著直覺追蹤，突然發現前面有小股騎兵十餘人，辛棄疾定睛一看正是叛徒義端，等到辛棄疾等出現在他面前，截住去路時，義端才如夢初醒。他連連向辛棄疾求饒，以為會看在朋友份上饒了他。

辛棄疾哪裡肯聽他的囉嗦，毫不猶豫地手起劍落，殺死了叛徒。隨後他提著義端的人頭回去繳令。耿京見辛棄疾如此英勇，言信行果，更加器重。

公元六四三年，吐谷渾可汗伏允侵入河西走廊，截斷「絲綢之路」。唐太宗李世民派老將李靖率重兵剿除伏允。

進軍大西北是一場鬥智鬥勇的硬戰。伏允依仗大西北地區的險惡地形和惡劣氣候，對唐軍採取「你進我退，你退我進」的策略，致使唐軍的幾次圍剿都沒有成功。

李靖總結了唐軍多次作戰失利的教訓，制定了「長途奔襲，速戰速決」的策略，在庫山（今青海天峻縣）追上伏允後，立刻派千餘騎精兵越過庫山，對企圖憑藉險峻的地形死守的伏允實施前後夾擊。伏允沒有料到唐軍會這麼快追上他，更沒有料到唐軍會越過庫山向自己發起進攻，惶亂之中，丟棄大批作戰物資，狼狽而逃。

為了阻止李靖的追擊，伏允一邊逃，一邊焚燒長滿牧草的草原。唐軍的戰馬無野草可食，又饑又瘦，眾將見狀，建議李靖暫時退回鄯州，待野草長出後再追剿伏允。李靖說：「伏允銳氣已失，正可乘勝追剿，如果讓他恢復元氣，就不好對付了。」在尚書侯君集的支持下，李靖分兵兩路，窮追不捨，伏允走投無路，逃入沙漠。

李靖身先士卒，頂著烈日和沙漠中的酷熱，渴了就以刀刺馬，用馬血來解渴，終於在突倫州附近再次追上了剛剛安下營寨準備過夜的伏允大軍。唐軍從天而降，勢如破竹，伏允的兒子慕容順被迫率眾投降，伏允只帶親信幾十人逃入沙漠深處，四顧茫然，自殺身亡。

吐谷渾伏允之亂從此平定，從長安通往西域的「絲綢之路」再次暢通。

揣能第三十四

了解雙方的虛實，方可預料勝負

人生總要善自運用其智慧，謀略則爲智慧的發揮與智慧運用的最高結晶。人生只是在道德修養上與學問上及藝術上下功夫，便只發揮其智慧的功用則足已。欲將智慧用之於事功上，尤其是用在有關歷史大局的事功上，便非發揮其智慧昇華爲謀略則不爲功用。

〔原　文〕

古之善用兵者，揣其能而料其勝負。主孰聖也？將孰賢也？吏孰能也？糧餉孰豐也？士卒孰練也？軍容孰整也？戎馬孰逸也？形勢孰險也？賓客孰智也？鄰國孰懼也？財貨孰多也？百姓孰安也？由此觀之，強弱之形，可以決矣。

〔譯　文〕

古代善於率軍作戰的將帥，往往能在了解敵我雙方的虛實後，對戰爭的結果有預料性的認識。將帥在預料勝負的結果時，需要了解的內容有：雙方君主誰更聖明？雙方的將帥誰更加賢明有指揮才能？雙方的官員哪一方更具有才幹？哪一方的糧餉更充實？哪一方的部隊更加訓練有素？哪一方的軍隊更嚴格？哪一方的戰馬跑得快？哪一方佔據的地形更險要？哪一方的參謀人員更有謀略？各有哪些能夠畏懼的鄰國？哪一方的國家更富足？哪一方的百姓生活更安定？通過以上幾個方面的比較，雙方誰強誰弱，誰勝誰負就可以作出判斷。

用兵揣能　料其勝負

古代善於作戰的將領，往往在考察戰前敵我雙方的虛實之後，便大致能預料勝負。實際上是對將帥決策能力的要求，具備了這種能力，就不會打無把握之仗、無準備之仗。並對戰爭情況進行科學分析，在科學、準確的分析之下，作出相應的對策，杜絕主觀、武斷、莽撞。這樣，才能避免不必要的犧牲。

自然，能預料勝負，不是憑空臆想，而是經過多方面的偵察、調查研究，擁有大量資料，從而得到科學決策。正因為由孫子提出，諸葛亮加以論述的這一基本原理——「知己知彼，百戰不殆」已成爲各國軍事家的信條，而且許多政治家、外交家、體育教練，也把這一原理做爲自己決策的重要原則。

孟獲第四次獲釋後，便去投靠禿龍洞的朵思大王，企圖藉禿龍洞的天險困死蜀軍，不戰而勝。這個禿龍洞確實易守難攻，只有兩條路可通，東北有一條平坦大道，土厚水甜，人馬可以通行；西北有一條是狹窄的山路，不僅難於行走，而且沿途毒蛇惡蠍為患，更為嚴重的是一到黃昏煙瘴籠罩，直到第二天巳、午時才散，一天只有未、申、酉三個時辰通行。還有，這裡沿途都有毒泉，人若飲用這種泉水就會招到殺身之禍。

正值六月盛夏，天氣炎熱，孟獲又不出戰，加上天熱，百名士兵誤飲毒泉變成啞兵，諸葛亮只得求助於「萬安隱者」指點迷津。按「萬安隱者」的指點，諸葛亮一行不但走出了這條險惡的小路，而且治好了眾啞軍。原來「萬安隱士」是孟獲的兄長孟節，他反對孟獲的作為，諫阻又不聽，便隱居山中。孟節感念諸葛亮的仁政，所以傾力相助。經過一番偵察求救，諸葛亮已是成竹在胸，便出了一支奇兵，兵不血刃而五擒孟獲。

成吉思汗名鐵木真，十二世紀下半葉出生於蒙古族尼倫部的孛兒只斤家族。尼倫部游牧於斡難河流域（今外蒙恰克圖南）不兒罕山下。當酋長也速該率眾攻打敵對的塔塔兒部，大獲全勝並俘獲其部落酋長鐵木真時，其妻生了一個男孩。也速該按當地習慣，為紀念這次大捷，給新生兒取名鐵木真。在蒙語中「鐵木真」的含意為千錘百煉的精鋼，也速該希望兒子長大以後繼承父志，成就大業。

鐵木真三十歲時，以其非凡的才幹和魄力贏得了眾人的信賴，壯大了自己的力量。從此，鐵木真奏起了他一生中最為雄壯的樂章，在廣闊的蒙古草原，在富饒的中原大地，在神秘的中亞舞臺上，扮演了一個曠代驕子的角色。

公元一二〇六年春天，鐵木真匯集各部於斡難河畔。此時鐵木真經過十五、六年的征戰，從威望到實力已成為大漠南北最為推崇的首領。在這次集會上，立起九支白旄旗，各部落宣告統一聯合。鐵木真被推舉為全蒙古的「汗」（即皇帝），尊稱為成吉思汗，意即大海般偉大皇帝。

蒙古統一後，成吉思汗的北部是空闊寒冷的荒原，而東、西、南三方都面臨勁敵。時值南宋中葉，女真人勢力已由東北南移到中原，與宋劃淮河為界，佔領了北部中國。蒙古人一直被金人統治，成吉思汗曾祖父的堂弟俺巴孩是被金人用酷刑處死的，叔祖父任首領時也是有名的抗金英雄。成吉思汗統一蒙古後，第一個威脅和進攻目標便是金朝。

成吉思汗採取了「聯宋滅金」的策略，雙方約定：滅金後以河南之地歸宋；蒙軍由北南下，宋軍由南北上，合攻金朝。一二一一年春天，他派大將哲別為先鋒，從戈壁和漠北進攻金軍，首先攻取撫洲（今河北張北）和宣德府（今河北宣化），佔領居庸關，包圍了燕京。金兵調兵守燕京，中原空虛，成吉思汗便繞過燕京，分兵三路進軍中原，「所到都邑，皆一鼓而下」，勢如破竹，四年間攻克九十餘城，然後回師重圍燕京，迫使金宣宗求和。不久金朝遷都開封，成吉思汗佔據北部中國。他權衡了一下形勢，認為難以立即滅金，便任命木華黎為國王統治新征服地區，然後回過頭來，採用迂迴戰術，割斷金朝的羽翼——西夏。

成吉思汗征西夏和西域，在時間上是交叉進行的。一二二七年夏第五次親征西夏時，就在西夏請降之後，成吉思汗病死在六盤山麓的清水縣。病危時，囑咐死後暫不發喪，以防西夏人生變，不肯獻城。並為其不能親自完成滅金大業深為遺憾，囑咐兒子與親信將領精誠團結，共同滅金，並具體部署說：

「金精兵在潼關，南據連山，北限大河，難以遽破。若假道於宋，宋金世仇，必能許我，則下兵唐鄧，直搗大梁。金急，必征兵潼關。然以數萬之眾，千里赴援，人馬疲弊，雖至弗能戰，破之必矣。」

七年後，成吉思汗的後代正是按照這個佈署滅掉了金朝，並為統一全國鋪平了道路。

輕戰第三十五

保持謹慎穩重，力戒輕舉妄動

封侯拜將，自然是人生最風光之事，然身爲將帥則有臨淵履冰之感。戰爭不是用生命作遊戲，千萬人的生命繫己一身，而戰略戰術的決策——指揮藝術是智慧的高度發揮與昇華。

身爲將帥者，可貴之處就在於謹慎和穩重，雙方作戰，力戒輕舉妄動。

〔原　文〕

螫蟲之觸，負其毒也；戰士能勇，恃其備也。所以鋒銳甲堅，則人輕戰。故甲不堅密，與肉袒同；射不能中，與無矢同；中不能入，與無鏃同；探候不謹，與無目同；將帥不能，與無將同。

〔譯文〕

蜂類等有毒刺的小蟲類，是憑著令人生畏的毒刺來保護自身，使人們不敢輕易招惹它；戰士在戰鬥中能英勇作戰，是由於他們手中有精良武器，身上有堅硬的鎧甲。所以，只要有了鋒利的武器，堅實的鎧甲，那麼，全體戰士都能英勇善戰。如果鎧甲不堅實，就好比赤身露體同敵人拼戰；如果弓箭不能射中敵人，就好比沒有弓箭；雖然射中了目標，但力量不足不能穿進去，就好比弓箭沒有箭頭；如果在作戰之前的偵察工作做得馬虎粗略，就好比盲人在準備作戰；如果將帥不能英勇奮戰，就好像沒有將帥一般。由此可見，這些都是在戰備工作中應該注意的幾個方面。

有備無患　無備則失

船員遠航，要準備指南針；文人寫詩作畫少不得筆、墨、紙、硯；農民耕種少不得農具；病人外出，宜備應急藥物……

俗語云：「磨刀不誤砍柴工。」世間之人做任何一件具體事，必得借助一定的工具，必得有一定的物質準備。相應的準備做得周全、做得充足，事情則做得順利、圓滿，軍隊作戰尤其如此。軍事武器落後，不鋒利豈有殺傷力？後勤供應不上，部隊受饑餓，豈不像猛虎與餓漢搏鬥？將帥再有謀略，士兵再勇敢，沒有先進的、精良的武器，沒有足夠的軍餉，豈不是巧媳婦難做無米之炊？

孫武曰：「軍無輜則亡、無糧則亡、無委積則亡。」三軍未動，糧草先行。任何一位軍事家無不極重視戰前的各項準備工作。

作戰必須有充足的物質、物資準備工作，世間的各項事情，各行各業，事前也宜當具備相應的物資條件，像駱駝那樣用充裕的貯備應對饑渴與不測。

田單離間樂毅後，再派間諜張平潛入燕軍中求見將軍騎劫。張平自稱是楚國商人，曾在即墨經商，遭齊人搶劫，因此十分痛恨齊人。

他對騎劫說：「樂將軍曾圍城多日而不能下，被燕王召回，齊將軍一旦攻破即墨，功勞豈不在樂將軍之上嗎？」

騎劫正是這樣想的，但又苦於遲遲不能得手，正在一籌莫展，聽張平如此說，連忙問道：「不知先生有何妙計？」

張平慢慢說道：「依我看其實事情也很簡單，將軍手中不是有很多齊國的俘虜嗎？把他們拖來，一個個把鼻子割掉，攻城時，讓他們走在前面，士兵跟在後面，齊人在城上就不敢射箭了。」

騎劫也是一介武夫，竟拍著大腿叫道：「好主意！好主意！」

騎劫第二天果然按張平所說將齊國百名俘虜的鼻子割掉。守城的士兵看到走在燕軍前面的都是自己的兄弟，而且鼻子都被割掉了，燕軍的這種暴行激起了即墨人民的強烈憤慨。他們同心協力，英勇守城，大家只有一個信念，一定要把即墨守住，決不能成為燕軍的俘虜。因此，齊軍粉碎了燕軍的幾次進攻。戰鬥持續了一整天，即墨仍然沒有攻下來。

地勢第三十六

控制地形地勢，決定戰略計謀

地形地勢是用兵的有利輔助條件，考察地形地勢與計算道路的遠近，這都是將領必須掌握的。

懂得敵情、善用地形地勢去指揮作戰必勝；不懂得敵情、地勢去指揮作戰必敗。

敵人占領了高地，不要去仰攻；敵人背靠高地，不要從正面進攻。

〔原　文〕

夫地勢者，兵之助也，不知戰地而求勝者，未之有也。山林土陵，丘阜大川，此步兵之地。土高山狹，蔓衍相屬，此車騎之地。依山附澗，高林深谷，此弓弩之地。草淺土平，可前可後，此長戟之地。蘆葦相參，竹樹交映，此槍矛之地也。

地勢對軍隊作戰來說是最好的幫助作用。作為將帥來說，不能準確地利用地形地勢而想取得戰爭的勝利是不可能的。高山峻嶺、森林險川，適宜步兵作戰。山高路狹、雜草叢生，適宜用戰車、騎兵作戰。依山臨水、狹谷深澗的地帶，可以利用弓箭手殺傷敵軍。平坦寬闊、自由活動地區，可以利用長戟作戰。在草木交錯地帶，則可以發揮長槍、長矛的優勢。

〔譯文〕

地形地物 善用者勝

能不能善於利用地形地物，是衡量將帥指揮作戰能力的一個重要標誌。善於作戰的將帥必定善於利用地形地物，採取合適的戰術，發揮我軍的特長，抑制敵人的勢力。

孫子說：「得地利者勝」，重要的在一個「得」字，「得」不僅是通曉地形地勢，更重要的是善於靈活運用，控制住地形地勢。根據地形地勢的具體情況，部署兵力，決定戰略計謀。

在現代戰爭之中，同樣要利用地形地勢取勝。在山岳叢林地區作戰，盡力發揮步兵的優勢，採用伏擊戰、游擊戰、阻擊戰等戰術，或者連續騷擾敵軍，使他疲憊不堪，再一舉殲滅他們。或遇敵人炮擊時，將部隊撤到反斜面，就可避免傷亡；在平坦地區作戰，利用摩托化部隊、坦克部隊、步兵部隊、地面炮兵部隊協同作戰，或配備二炮部隊迅速消滅敵人。

東漢末年，群雄爭霸。呂布算得是諸路武將中武藝最高的了，一支方天畫戟，無人能敵。他得到陳宮輔佐，更是如虎添翼。呂布連奪曹操的兗州、濮陽等城池，直逼鄄城、東阿、范縣三處。正在攻打劉備的曹操急忙回兵。呂布得知，忙命副將薛蘭、李封二人帶一萬兵留守兗州，自己要親自領兵破曹。

陳宮聽說呂布要前往濮陽屯兵，以形成鼎足之勢後，急忙勸阻，並即提出活捉的計謀，但呂布自行其是，不用陳宮計謀。呂布的想法的確被曹操猜中。曹操說呂布是個有勇無謀之輩，定會讓薛蘭留守兗州，自己前往濮陽。

果然，曹操很順利地通過了泰山險道，派曹仁領兵圍兗州，自己卻快速去濮陽攻打呂布。呂布自己無知，又不肯聽陳宮的良策，不去利用天險，白白丟掉了一次消滅曹操的良機。最後，有勇無謀的呂布還是死於曹操手中。

情勢第三十七

知人之性　因人對待

得其地足以廣國，取其財足以富民，繕兵不傷眾而對方已臣服。拔一國而天下不以爲暴，利盡四海而天下不以爲貪，使我們一舉而得名實。攻強則弱者強，攻大則小者大，擊弱則強者弱，擊小則大者小，此乃千古不變的道理。

〔原　文〕

夫將有勇而輕死者，有急而心速者，有貪而喜利者，有仁而不忍者，有智而心怯者，有謀而情緩者。

是故勇而輕死者，可暴也；急而心速者，可久也；貪而喜利者，可遺也；仁而不忍者，可勞也；智而心怯者，可窘也；謀而情緩者，可襲也。

〔譯　文〕

將帥的性情對作戰有直接關係。有些將領勇敢、頑強而不怕死。有些將領性格暴躁，沒有忍耐性，只是一心追求速戰。有的將領愛貪小功、小利。有的將領過於仁慈而沒有威嚴，有的將領雖有謀略卻猶豫不決，有的將領謀略有餘卻不能身體力行。

所以，對待不同性格的將領要採取不同的謀略，對於好逞匹夫之勇的將領，就要想法使他暴躁而後消滅他；對於性格急躁又無耐心的將領，要用持久戰、消耗戰對付他；對於貪功圖利的將領，要用重利、美色去引誘他；對於仁慈有餘威猛不足的將領，要用各種方法使他奔波勞累；對於聰明而心怯的將領，可以使用猛烈的攻擊使他陷入窘困境界；對於有智謀而情緩的將領，可以用突然襲擊的辦法使他徹底滅亡。

見風使舵　左右逢源

走到什麼山便唱什麼歌，聽什麼鼓就打什麼鑼，見什麼人說什麼話。因人對待，看人打發。見風使舵，左右逢源。世俗間，誰也少不得與人打交道，必得學會怎樣對付人。

人生有難題，社會有競爭。生存在世俗間，就有很多難事要我去做，有很多各式各樣的人要我去對付。

在家庭中妻子對我說些難聽之語，不三不四的話，越是暴怒、打罵她，後果也嚴重，最後惟有「拜拜」解決；孩子學習成績不佳，就恨鐵不成鋼，大發脾氣，不但產生了隔閡，而且使他的成績越來越差。

看人打發，因人對待，必須先知人之性，知人的深淺，了解人的個性、特點、弱點，如同醫生治病，先要掌握患者的病因，也同馴獸之人必須先了解獸類的習性。

曹操和劉玄德、諸葛亮在漢水有過一番較量。那是黃忠殺了夏侯淵時，曹操親率二十萬大軍進攻蜀軍為夏侯淵報仇。兩軍在漢水兩岸隔水對峙，玄德和孔明去前線視察地形後，孔明見河流上游有一帶土山，便讓趙雲帶領五百軍兵，人人帶上鼓角，埋伏在土山下，等到夜晚，只要聽見營中的炮響，便指揮將士擂鼓、吹角。炮響一次，擂鼓一番，但是，絕對不可出戰。

第二天，白天無戰事，晚上，曹營剛一熄滅燈火，孔明便放出號炮。趙雲聽見炮響，連忙下令鼓角齊鳴。曹營趕忙應戰，可不見蜀軍一兵一卒。待等曹軍回營剛躺下，鼓角聲又起，喊聲震天。曹軍又趕忙起來應戰。結果仍是虛驚一場。一連三天夜裡，弄得曹軍膽顫心驚，徹夜不安，曹操心生怯意，下令退後三十里，在一處空闊的地方下寨。孔明接著請玄德渡過漢水，親統蜀兵背水紮營，並面授機宜。

曹操見劉玄德背水下寨，心中十分疑惑，便派人前去下戰書。孔明在戰書上批道：「來日再戰！」第二天兩軍列陣對峙，剛一接戰，玄德便退入陣中，曹操當即傳令：「誰捉住劉備，誰就當西川之主！」眾曹軍一聽，異常興奮，一齊吶喊衝殺，蜀軍爭先向漢水逃跑，滿地都是戰利品。

曹操急令收兵，他隱隱感到蜀軍敗得可疑，隨即傳令：「妄取一物者，立斬！火速退兵！」曹軍剛開始退，孔明的令旗已舉了起來，各路人馬也出其不意殺將出來，曹軍頓時大亂，自相踐踏，拼命逃跑，曹操傳令退回南鄭。

可是，南鄭已是五路火起，孔明早已布陣斷了曹操後路，曹操急忙向陽平關逃去。此時，玄德也率領大軍追到南鄭褒州，曹操這次大敗。

三國時期，司馬懿用計殺掉叛將孟達後，奉魏主曹睿之令，統率二十萬大軍殺奔祁山。諸葛亮在祁山大寨中聞知司馬懿統兵而來，急忙升帳議事。

諸葛亮道：「司馬懿此來，必定先取街亭，街亭是漢中的咽喉，街亭一失，糧道即斷，陝西一境不得安寧，誰能引兵擔此重任？」

參軍馬謖道：「卑職願往。」

蜀帝劉備在世時曾對諸葛亮說：「馬謖言過其實，不可大用。」諸葛亮想起劉備的話，心中有些猶豫，便說：「街亭雖小，但關係重大。此地一無城廓，二無險阻，守之不易，一旦有失，我軍就危險了。」

馬謖不以為然，說：「我自幼熟讀兵書，難道連一個小小的街亭都守不了嗎？」又說：「我願立下軍令狀，如有差失，以全家性命擔保！」

諸葛亮見馬謖胸有成竹，於是讓馬謖寫下軍令狀，撥給馬謖二萬五千精兵，又派上將王平做馬謖的副手，並囑咐王平：「我知你平生謹慎，才將如此重任委托給你。下寨時一定要立於要道之處，以免魏軍偷襲。」

馬謖和王平引兵走後，諸葛亮還是不放心，又對將軍高翔說：「街亭東北上有一城，名為柳城，可以屯兵紮寨，今給你一萬兵，如街亭有失，可率兵增援。」高翔接令，領兵而去。

馬謖和王平來到街亭，看過地形後，王平建議在五路總口下寨，馬謖卻執意要在路口旁的一座小山上安寨。

王平說：「在五路總口下寨，築起城垣，魏軍即使有十萬人馬也不能偷襲；如果在山上安寨，魏軍將山包圍，怎麼辦？」

馬謖笑道：「兵法上說：居高臨下，勢如破竹，到時候管叫他魏軍片甲不存！」

王平又勸道：「萬一魏軍斷了山上水源，我軍豈不是不戰自亂？」

馬謖道：「兵法上說：置之死地而後生，魏軍斷我水源，我軍死戰，以一當十，不怕魏軍不敗！」於是，不聽王平勸告，傳令上山下寨。王平無奈，只好率五千人馬在山西立一小寨，與馬謖的大寨形成犄角之勢，以便增援。

司馬懿兵抵街亭，見馬謖下寨在山上，不由仰天大笑，道：「孔明用這樣一個庸才，真是老天助我啊！」他一面派大將張郃率兵擋住王平，一面派人斷絕了山上的飲水，隨後將小山團團圍住。蜀軍在山上望見魏軍漫山遍野、隊伍威嚴，人人心中惶恐不安，馬謖下令向山下發起攻擊，蜀軍將士竟無人敢下山；不久，飲水點滴皆無，蜀軍將士更加惶恐不安；司馬懿下令放火燒山，蜀軍一片混亂。

馬謖眼見守不住小山，拼死衝下山，殺開一條血路，向山西逃奔，幸得王平、高翔以及前來增援的大將魏延的救援，才得以逃脫。

街亭一失，魏軍長驅直入，連諸葛亮也來不及後撤，被困於西城縣城之中，被迫演出了一場「空城計」。

諸葛亮退回漢中，依照軍法將馬謖斬首示眾，又上表蜀後主劉禪，自行貶為右將軍，以究自己用人不當之過。

擊勢第三十八

避大擊小，避強擊弱，避實擊虛

善於用兵之人都懂得避大擊小，避強擊弱，避實擊虛，是不可改變的真理。善用兵者，不以短擊長，而以長擊短；不以弱擊強，而是以強擊弱。所以攻堅擊銳，而不蹈瑕抵隙者，乃為千古敗兵之道。

〔原文〕

古之善鬥者，必先探敵情而後鬥之。凡師老糧絕，百姓愁怨，軍令小習，器械不修，計不先設，外救不至，將吏刻剝，賞罰輕懈，營伍失次，戰勝而驕，可以攻之。若用賢授能，糧食羨餘，甲兵堅利，四鄰和睦，大國應援，敵有此者，引而計之。

〔譯　文〕

古代善於指揮戰鬥的將領，必定是先偵探敵方的情況，然後制定相應的對策。凡是敵人處於下列情況便能發動攻擊：部隊經過長期征戰而失去了銳氣，缺乏糧餉供應，百姓怨恨戰爭；戰士不熟悉軍隊中的各項法令，武器裝備不充足，作戰沒有任何計劃，孤軍作戰無援助，將領對部下刻薄又暴斂財物；賞罰無度，戰士懈怠，陣營混亂，秩序無條理，打了勝仗便驕傲自大。敵人處於下列情況便要設法避開，不可輕舉妄動：能任用賢良人士輔佐將帥，糧餉豐富有餘，人民生活安定，武器裝備精良，與鄰國保持著友好關係，有強大國家作後盾。

探敵後圖　一擊成功

自從人類出現戰爭之後，歷代軍事家都十分重視戰前偵探工作，還要對敵國、敵軍的情勢進行全面了解，以便判斷能否戰之能勝。各種戰前調查、搜集情報、周密分析、測度是非常必要的手段，盲目決策、輕易出兵是相當危險的。

冷兵器時代，科技不發達，偵探敵情的方法很落後，惟有通過直接觀測、實地考察、間諜活動等途徑收集情報。

熱兵器時代，現代化戰爭瞬變萬千，敵我雙方往往是借助現代化的科學技術進行戰前的偵察活動，以此獲取有關情報。

諸葛亮「先探敵情，而後圖之」的競爭觀念，對其它行業來說，也有借鑑意義。律師在訴訟活動中，要想駁倒對方，以不變應萬變，就必須在開庭之前的整個具體調查中，測探對方已掌握到哪些證據、材料，已準備了哪些應訴措施，自己該怎樣辯駁等等，然後攻其防備不周之處，一舉獲得成功。

元順帝至正二十七年十日，朱元璋滅掉張士誠、陳友諒等割據勢力以後，任命徐達為征虜大將軍，常遇春為副將軍，率兵二十五萬進行北伐。常遇春毅然率先鋒部隊奔赴山西，見擴廓帖木兒引兵北上，太原空虛便與眾將商議說：「擴廓遠征北平，太原防務一定空虛。現在可乘敵不備直搗太原，使得擴廓帖木兒進不能戰，退無所守。」諸將一致稱讚說：「這個計策太妙了！」他們正在商議破敵之策，突然探馬來報說擴廓帖木兒的部將豁鼻馬派來請降使者二人。他們說願作內應，裡外夾擊，打敗擴廓，攻克太原，以此作為他們的進見之禮。深於謀略的徐達還有些猶豫怕中詭計。常遇春果斷地說：「豁鼻馬派人請降，是他與擴廓帖木兒互相猜忌的結果，如果再猶豫不決，他就可能打消投降念頭，給我們攻城也會帶來很大困難。」遂與徐達最後決定以誠相待，對他們表示信任，並與使者商定了裡應外合共破太原的計劃。

夜晚，常遇春的精騎踏著月光，神不知，鬼不覺地來到太原城下，舉起火把。內應的降兵趕忙打開城門，常遇春的騎兵一聲吶喊，擁進城去，此時，擴廓帖木兒正在燭光下讀書，聽見鼓噪聲，知道明軍來攻城，站起來就跑。跨上戰馬，殺出一條血路，像喪家之犬逃跑了。出城後才發現自己赤著一隻腳呢。士兵也無心戀戰一道投降了明軍，就這樣，常遇春俘獲甲士四萬人，順利攻克了太原。

田單是齊國臨淄人，是王族的旁支，曾在臨淄做過市椽等小官，一向默默無聞。當燕軍攻佔臨淄時，田單退往安平，他預先叫族人把車軸伸出的部分鋸掉，並在軸頭上包以鐵皮。當安平被攻陷後，大家爭相逃命，因路窄車多，很多車因長出來的軸而被碰撞軸折，而為燕人所獲，唯有田單一族，因車軸短且又包以鐵皮，才得以順利逃到即墨。

在燕軍攻占臨淄時，莒城已為楚軍佔領，但齊臣王孫賈等又尋機殺掉了楚將，擁立湣王之子為王，是為齊襄王，襄王即位後，遍告國人，號召抵抗燕軍，但真正堅持下來的，只有即墨一城。

即墨是齊國之大邑，城池堅固，財貨富足，便於固守。即墨居民依靠城池頑強抵抗，在即墨大夫不幸戰死後，大家共推田單為將，從安平撤退以鐵皮包軸的事件中人們看出他足智多謀，因而委以重任。

田單臨危受命之後，首先調整防禦部署，加修城池，廣蓄糧食，以為長久之計。同時採取各種手段激勵士氣，他把妻妾也編入守城隊伍中，以示以身作則，而且還盡散家財，犒賞作戰有功的將士，即墨人見此，愈發服氣，都誠心擁戴他。

樂毅見莒與即墨兩城久攻不下，遂改為長圍久困戰術，令圍城燕軍撤到距城九里外築壘，同時採取籠絡人心的攻心戰，以圖瓦解守軍軍心。

田單知道，如果樂毅為將，那麼即墨防守再堅固，遲早也會被攻破，所以必須設法去掉這個對頭才行。正在這時，燕國有人向燕昭王進讒言，說樂毅遲遲不拿下兩城的原因是想賴在燕地好當齊王，燕昭王不信，說樂毅為燕國報了大仇，就是真當齊王也未嘗不可。

但燕太子卻將信將疑。不久，燕昭王去世了，太子即位，是為惠王。田單知道燕惠王不信任樂毅，於是遣間諜入燕散布流言，重申從前樂毅欲為齊王的說法，並說齊人其實不怕樂毅，就怕燕國改派別人來統兵攻即墨等等。

燕惠王聽到這些流言，就去與他的親信騎劫商量，騎劫其人一向自恃其勇，早就嫉妒樂毅立得大功，遂慫恿燕王以己代樂毅。於是，燕王就下了決心，派騎劫去代樂毅主持伐齊軍事。樂毅明白自己受到了懷疑，回國之後，輕則受貶，重則掉頭，遂隻身投奔趙國去了。田單巧施反間計，去了一個良將，換來一個志大才疏的草包，形勢陡然急轉直下。

整師第三十九

服從整體利益，保持全局觀念

明理明道要靠大智慧，知人善任要靠大眼界，信人容人要靠大氣度，提起放下要靠大膽識。

知人難，善任尤難；容人難，信得過尤難；擔當得起難，放得下難上又難。

許多人的弊病則是對人信不過，對事放不下，總覺得要躬身自理才能至善，才能放心。

〔原　文〕

夫出師行軍，以整為勝。若賞罰不明，法令不信，金之不止，鼓之不進，雖有百萬之師，無益於用。所謂整師者，居則有禮，動則有威，進不可當，退不可逼，前後應接，左右應旌，而不與之危，其衆可合而不可離，可用而不可疲矣。

〔譯　文〕

將帥領兵出師作戰，以保持部隊的整體戰鬥力作為獲勝的關鍵。如果對部隊的賞罰不公平，部隊就不能做到令行禁止。如果部隊不聽從指揮，該進不進，該退不退，該止不止，就是有百萬大軍，也起不了什麼有益的實用。

所說的部隊整體戰鬥力，就是指部隊在平時井然有序，駐守時能尊重當地的風俗習慣，行動起來威武雄壯，進攻時銳不可擋，撤退時敵人無機可乘，部隊能前呼後應，左右一致，服從指揮調度，所以很少有危急的局勢出現。這樣的軍隊內部緊密團結，有高度的組織性、紀律性，能經受起各種考驗，總是保持著旺盛鬥志。

出師行軍　以整爲勝

沒有國家的安定，則沒有小家庭的靜謐，沒有大局觀念，則難有個人的生存。整體觀念，大局觀念，人人皆知，是不是人人都能做到？自己受到委屈，得不到人們的理解、同情，又是怎樣的感受呢？

胸懷大度，寬以待人，是爲人的修養，亦是一種高尚的整體觀念。作爲軍人來說，以服從命令爲天職。按照統一戰鬥計劃配合作戰，形成一個有機整體，自覺服從全局，服從整體利益，不以本部隊的困難、得失爲重，以保證全局的勝利爲大本。

諸葛亮指明了造成「不整」的原因，「不整」的嚴重後果：「雖有百萬之師，無益於用」。論述了「整師」途徑及其具有的威力。並提出了「整軍」的要求，即軍紀嚴明、令行禁止、指揮通暢，從而形成一個強大有力的有機整體。

漢更始元年三月，劉秀率幾千兵馬到陽關拒敵，看見王尋、王邑兵力很強，急返昆陽決定團結大家，堅持戰鬥。他向諸將分析說：「我們勢單力薄，不能分散兵力，只有同心協力抗擊敵人，還有成功的機會。」這時正好探馬來報，王尋大軍已達城北，隊伍綿延數十里，看不到盡頭。劉秀分析一下形勢，決定部下守城，自己殺出重圍到定陵去搬救兵。

不幾天，劉秀率大隊人馬來到昆陽城外，接著劉秀率領將士奮不顧身地衝入敵陣，殺死敵軍近千人，連戰皆捷。這時劉秀的哥哥劉縯的軍隊也殺逼城下，裡應外合，殺聲震天，接著又殺得王邑大敗而逃，這就是歷史上著名的昆陽之戰。

勵士第四十

相互勉勵，積極向上

一小滴甜蜜的糖漿，比一加侖苦膽汁所捕獲的蒼蠅更多。一個人只說他人的好話，不說他人的壞話，只與人為善，不與人為惡，誰不樂意與之交往？

隨時隨地稱讚他人，譽揚他人，不僅可獲得他由衷的感悅，而且可鼓舞他日勉於善，漸進以德。

〔原　文〕

夫用兵之道，尊之以爵，贍之以財，則士無不至矣；接之以禮，厲之以信，則士無不死矣；蓄恩不倦，法若畫一，則士無不服矣；先之以身，後之以人，則士無不勇矣；小善必錄，小功必賞，則士無不勸矣。

〔譯　文〕

將帥的用兵之道，對待自己的部屬，該提拔的要提拔，該封賞的要賞賜給錢財，這樣就能吸引有才能的人前來效力；要以禮相待，以誠信鼓勵部下，這樣部下就會以捨生忘死的決心全力投入戰鬥；對部下常施恩惠，賞罰公平合理，一視同仁就能贏得部下的信服愛戴；在戰鬥中身先士卒，衝鋒陷陣，撤退時在後面掩護，這樣部下就會英勇善戰；對部下的好人好事要予以高度重視，並給以適當獎勵，這樣的部隊就會積極向上，互相勉勵，永遠保持著高昂的士氣。

小善必錄　小功必賞

作人，不管是三歲孩童，還是老成於世的成人，都有被人賞識、發現、承認的需求，即人都有自我價值實現的欲求。作爲一個精明的領導者，要善於懂得常人的這種心理需求，不失時機地給屬下的善行、功績。就是小功小善，也予以精神鼓勵或物質獎勵，乃是有效的人心掌握術。

爲官爲將者，對自己的部下來不得半點馬虎。部下做了大好事，立了大功，作爲領導者自然不會忘記給予獎勵，然而部下有小進步，小功勞，作爲領導者往往容易忽視，不能及時予以表揚，此乃領導者的一種缺陷。

如果部下有點小功績，領導者能及時予以鼓勵，做部下的便覺得做了點有益之事，領導便如此重視，如果做了更大的貢獻，領導豈不更加器重我，我豈能不好好成就一番事業？

由此可知，爲官爲將者，對部下「小善必錄，小功必賞」，足以收服人心，亦是激勵士氣，發揮部下積極性的一種行之有效方法。

岳飛是傑出的愛國將領，他善於「勵士」。很注意教育軍隊，樹立抗擊金兵、收復國土的愛國思想，他統領的軍隊被譽為岳家軍。岳家軍中有一部分本來就是北方的抗金義軍，他們是慕名投入岳飛麾下，岳飛對他們十分倚重，視為骨幹；還有一部分官兵，本來抗金不十分堅定，有些人在失敗時甚至要向金人投降，岳飛以正氣感召，把他們收入部下。

建康失守，官軍首領杜充扔下士兵逃跑了，這些士兵一片混亂，各自流散，甚至影響到岳飛部下的軍心。岳飛首先集合自己部下，向他們講述抗金報國的大義，指出建康在江南的戰略地位，「一旦被金兵佔領，我們大宋還能存在嗎？現在我們只能死戰，另無出路！如果有人要去投敵，一旦被我抓住，定斬不饒！」岳飛慷慨激昂、義正辭嚴的話語令眾將士大受教育，深深感動，齊聲表示：誓死與金狗血戰到底。另有兩支官軍在岳飛這種精神的感召下，也自動加入到岳飛的抗金隊伍中。大大增強了抗金實力。

自勉第四十一

激勵精神　陶冶情操

才德兼備之人的品行，往往肅寧靜來修養身心，以儉樸的行動來培養品德。一心追名逐利，則無從確立自己的志向；急於事功成就，則難以達到遠大的目標。沉溺散漫，則難以激勵精神；輕佻浮躁，就不能陶冶性情；沒有明確的志向，就不能學到要學習的知識。

〔原　文〕

聖人則天，賢者法地，智者則古。驕者招毀，妄者稔禍，多語者寡信，自奉者少恩，賞於無功者離，罰加無罪者怨，喜怒不當者滅。

〔譯　文〕

凡是聖人都會效法於天道，凡是賢明人士都會效法自然規律，有智慧的人們則以效法古代的聖賢之士作為根本的立身之道。驕傲自大的人必定要失敗，狂妄荒謬的人就很容易招惹禍事，只是夸夸其談的人沒有什麼信義可言，一味自我標榜的人對他人就會寡義薄情，作為將帥亂獎賞無功人員就會使部下離心背向，懲罰無罪的人就會使人們怨聲載道，喜怒無常的人，則難以逃脫滅亡的厄運。

聖人效天　賢者法地

毛澤東說：「謙虛使人進步，驕傲使人落後。」

諸葛亮在《誡子書》中說：「非淡泊無以明志，非寧靜無以致遠。」

《七品芝麻官》中唐縣令說：「當官不爲民作主，不如回家賣紅薯。」

中國歷史上能自勉、自強、自立者，舉不勝舉，不僅爲後代人留下了光輝典範，也爲人們留下了許多可歌可泣，可欽可敬的美談。

宋國有人將一塊寶玉獻給司城官子罕，子罕拒不接受，並說：「人的品格極為重要，不貪的品格乃無價之寶。你把寶玉看做珍寶，我卻把不貪看作珍寶。如果我收了你的寶玉，那麼，你我不都失去了自己的珍寶嗎？」

仔細想來，當今有些人貪婪成性，以「馬無野草不肥，人無橫財不富」作為座右銘。或是雁過拔毛，敲詐勒索；或是以權謀私，貪污受賄；或是豪奪巧取，坑蒙拐騙……豈不聞，孔子說：「君子取財有道」？豈不知「利令智昏」貪心日大之人能長久乎？

龐統，字士元，襄陽人，一說是司馬徽的侄子。後來曾在劉備手下擔任軍師中郎將，幫助劉備進攻西川，在圍攻雒縣時，不幸被流矢射中，死時才三十八歲。

龐統少時性格內向，不太惹人注意。十六歲時去看望司馬徽，司馬徽正在樹上採摘桑葉，兩人談了很長時間，司馬徽很賞識他，認為他將來一定會成為南郡文人中的首領。後來司馬徽移居穎川老家，龐統經歷兩千里行程去探望他，見他還在樹上採桑，就從車子裡探出頭來對司馬徽說：「聽說大丈夫活在世上，應該著黃金大印，佩著紫色的印帶，怎能委屈自己的才能，在這裡做養蠶婦人的事呢？」

司馬徽笑笑說：「為人處世不能簡單地追求功利，任何事情都要從正道上取得，只能擁有應該擁有的東西；否則，還不如守著樸素和貧寒，更具有純真的人格。」龐統趕忙道謝，並迅速領會了它的含義。

公元二〇八年七月，曹操率八十萬大軍（實際上只有二十萬）大敗劉備，進逼東吳。東吳的孫權為了自身利益與劉備結成聯盟，共同抗擊曹軍。

當時，劉備派到東吳去的使者是諸葛亮，東吳的三軍都督是周瑜。周瑜心地狹小，見諸葛亮處處高他一籌，就想尋機殺掉諸葛亮。

一天，周瑜想到一條妙計，請諸葛亮監造十萬枝箭。諸葛亮滿口答應，並立下軍令狀，保證三日內交納十萬枝箭，否則甘受重罰。周瑜暗暗高興，心想：「這可是你自己找死，怪不得我！」

諸葛亮立下軍令狀後，一連兩天，只是飲酒作樂。到了第三天，諸葛亮找到好友魯肅，請魯肅撥給快船二十艘，每艘船上都紮滿草人，然後把魯肅請到船中，於四更時分，命士兵將二十艘船劃向北岸。

這時候，長江水面大霧迷漫，對面看不見人。諸葛亮命令士兵們把船頭朝西船尾向東一字排開，又命令士兵們在船上擂鼓吶喊。曹軍聽到震天驚地的鼓聲，以為是敵人來偷襲，紛紛放箭，沒有多久，船上的草人全部插滿了箭。

諸葛亮與魯肅在船內只管飲酒談笑。過了一些時候，諸葛亮又命令士兵們按船頭東船尾西的方向排開，逼近曹軍受箭。

日出霧散，諸葛亮命令船隊迅速返航。這時，每條船上已有了五、六千枝箭。諸葛亮對魯肅說：「十萬枝箭如期拜納，沒費東吳半點力氣，將軍沒有想到吧？」

魯肅對諸葛亮佩服得五體投地，說：「先生真是神人啊，你怎麼知道今天有如此大霧？」

諸葛亮笑道：「為將而不通天文，不識地理，不曉陰陽，那是個庸才。我在三天前就已算定今日有大霧，所以才敢提出三日的期限。周都督讓我辦十萬枝箭，到時候，工匠原料物都不應手，那不是明明白白要殺我嗎！我諸葛亮命大福大，他是殺我不了的。」

魯肅把諸葛亮「草船借箭」的經過告訴周瑜，周瑜嘆道：「諸葛亮真是神機妙算，我不如他啊！」

戰道第四十二

設旌旗造成大聲勢，用戰鼓以迷惑敵軍

站得高，才能看得遠，惟有高瞻遠矚的謀略家，才能把事業的航船駛到勝利的彼岸。

有關軍政大事的任何舉措，皆建立在深思熟慮的充分準備之上。任何事有預則立，不預則廢，動則如脫兔，靜則如處子。

〔原 文〕

夫林戰之道，晝廣旌旗，夜多金鼓，利用短兵，巧在設伏，或攻於前，或發於後，叢戰之道，利在劍盾，將欲圖之，先度其路，十里一場，五里一應，偃戢旌旗，特嚴金鼓，令賊無措手足。谷戰之道，巧於設伏，利於勇鬥，輕足之士凌其高，必死之士殿其後，列強弩而衝之，持短兵而繼之，彼不得前，我不得往。水戰之道，利在舟楫，練習士卒以乘之，多張旗幟以惑

之，嚴弓弩以中之，持短兵以捍之，設堅柵以衛之，順其流而擊之。夜戰之道，利在機密，或潛師以銜之，以出其不意，或多火鼓，以亂其耳目，馳而攻之，可以勝矣。

〔譯　文〕

在森林地帶的作戰方法是：白天要廣設旌旗以便造成大聲勢，夜間要多用戰鼓以便迷惑敵軍，要善於使用短兵器交接，並巧妙地設置埋伏。在戰術上，有時正面進攻敵人，有時從後面進擊敵人，有時運用前後夾擊的方法。

在草叢地帶作戰的方法是：要善於利用刀、劍、盾等短兵器作戰，在與敵人交戰之前，先要偵察好敵人的進軍路線，在敵人的必經之路設下哨兵站，十里一大哨，五里一小哨，把所有的旌旗收斂好，把軍鼓包藏好。當敵軍進入伏擊地帶時，出其不意，打他個措手不及。

在山谷地帶作戰的方法是：要善於設置埋伏，迅猛出擊，派遣身手矯捷的兵員從高處往下攻擊，派不怕死的兵員去切斷敵人的後路，用弓箭對敵軍射擊，接著讓使用短兵器的分隊連續攻擊，使敵人首尾不能相顧，完全沒有反擊的機會。

在水上的作戰方法是：要善於利用船隻作戰，訓練士兵熟悉各種水上攻戰技術，以便打擊敵人。在船上要多設置旗幟以便迷惑敵人，用弓弩向敵人猛烈射擊，也可以用短兵器同敵人在近處接戰，並在主要水道上埋設柵欄防備敵人入侵，順流而下攻擊敵人。

在夜間作戰時，要保持安靜、隱蔽，並秘密地派遣部隊襲擊敵人，用火把、戰鼓擾亂敵人的耳目，用最快速度猛攻敵軍，這樣就可以獲勝。

戰略戰術 因地制宜

所謂「戰道」，就是善於利用各種地形地勢，戰機，戰術，怎樣行兵佈陣，怎樣指揮戰鬥，如何僞裝，運用什麼兵器。

孟子曾將「地利」、「天時」與「人和」相提並論，強調了地勢地利對於戰爭的重要意義。

諸葛亮則把這一點看得極重要，並在戰術上總結出因時、因地採用最適宜，最有效的方法爭取勝利。諸葛亮在陳倉大敗魏軍之後，便分兵徑出斜谷直取祁山。如此，很多將領不甚理解，他分析說：「祁山乃長安之首也；隴西諸郡倘有兵來，必經此地；更兼前臨渭賓，後靠斜谷，左出右入，可伏兵，乃用武之地。吾故欲取此，得地利也。」於是蜀大軍先占了有利地利，司馬懿率軍經過此地，被蜀軍打了個亂七八糟，無路可逃。

諸葛亮之所以用兵如神，除了善於分析敵情，善於利用人，善於捕捉戰機外，更重要的一點，也就是善於利用地形地勢，有靈活的戰略戰術，把天時、地利、人和有機地綜合運用，致使敵方難以測度，每戰必敗。

唐朝初年，在北方逐漸平定之際，還有一個蕭銑據有兩湖，直達嶺南，自稱梁帝，勢力不小。唐朝名將李靖獻上「取梁十策」，唐高祖欣然採納，任命李孝恭為夔州總管，整備舟船，訓練水師，又任命李靖為行軍總管，兼任李孝恭的屬下長史，也就是參謀長，總攬軍事。武德四年八月，李孝恭在夔州閱兵。當時正值秋汛，江水暴漲，李靖勸李孝恭立即出兵攻打梁國。許多將領認為準備不足，不宜出兵。

李靖據理力爭，說：「用兵貴在神速。現我軍剛剛集結，蕭銑還不知道，如趁江水暴漲，順流東下，定可打他個不備，我料定蕭銑還來不及設防，定被我軍活捉。」

李孝恭認為李靖說得有理，便奏請出師。李孝恭會同李靖，率領二千多艘船隻，順江東下，以迅雷不及掩耳之勢，直抵彝陵。梁軍毫無準備，唐軍水師長驅直入，一舉繳獲戰艦三百艘，唐軍繼續追擊逃敵，直逼梁都江陵。後來，李孝恭不聽李靖意見，攻擊受挫；再按李靖計謀，終於大獲全勝。

這一仗，李靖深得水戰要領，利用江水暴漲之機，順流而下，果然獲勝；而梁軍未在水上設柵，又無相應準備，突遭唐軍襲擊便一敗塗地了。

公元二三一年二月，諸葛亮率十萬大軍四出祁山攻伐魏國，司馬懿率張郃、費曜等大將迎戰蜀軍。

諸葛亮兵至祁山，見魏軍早有防備，便對眾將說：「孫子曰：『重地則掠。』也就是說，深入敵人的腹地，就要掠奪敵人的糧食來補充自己。如今，我們的糧草供應不上，我估計隴上的麥子已經熟了，我們可以秘密派兵去搶割隴上的麥子。」諸葛亮留下王平、張嶷等人守衛祁山大營，自己則率領姜維、魏延等將領直奔上邽。

司馬懿率大軍趕到祁山，蜀軍並不出戰。司馬懿心中疑惑，又聞有一支蜀軍直往上邽而去，不由恍然大悟，急忙引軍去救上邽。

諸葛亮趕到上邽，上邽魏將費曜出兵迎戰，姜維、魏延奮勇向前，費曜被打得大敗而逃。諸葛亮乘機命令三萬精兵，手執鐮刀、馱繩，把隴上的新麥一割而光，運到鹵城打曬去了。

司馬懿技遜一籌，失去了隴上的新麥，心中不甘，便與副都督郭淮引兵前往鹵城偷襲，企圖奪回新麥，擒拿諸葛亮。不料，諸葛亮早有防備，他讓姜維、魏延、馬忠、馬岱四將各帶二千人馬埋伏在鹵城東西的麥田之內，等魏兵抵達鹵城城下時，一聲炮響，伏兵四起；諸葛亮又大開城門，從城內殺出，司馬懿拼力死戰，才得以突出重圍。

司馬懿接連受挫，轉而採取了據險而守，絕不出戰的方針。諸葛亮求戰不得，眼看搶來的麥子也即將吃完，只好下令退兵。

魏大將張郃領兵急迫，追至劍閣木門，只聽一聲梆子響，早已埋伏在峭壁懸崖上的蜀軍萬箭齊發，張郃及其率領的百餘名部將全死於亂箭之中。

諸葛亮第四次伐魏雖然沒有實現預定目標，但因採用了「重地則掠」的策略，避免了斷糧的危險，並且平安地退回到了本土；而魏國不但損失了隴上的新麥，還損失了一員能征善戰的大將——張郃。

和人第四十三

人和就是戰鬥力，
人和就是勝利之本

人生在世，當思所以善處，必須虛己接物，和善謙恭，才是處世良方。凡是名利是非之地，退一步則安穩，只是一往向前便危險。當得利之時，讓一分是福；適逢功名之際，退一步便安；當清明之世，嚴一著爲是；適遇動亂之世，藏一著爲高。

〔原　文〕

夫用兵之道，在於人和，人和則不勸而自戰矣。若將吏相猜，士卒不服，忠謀不用，群下謗議，讒慝互生，雖有湯、武之智，而不能取勝於匹夫，況衆人乎。

〔譯 文〕

將帥的用兵之道，關鍵在於軍隊內部的團結和諧，如能做到這一點，那就不用動員、號令，全體將士也會自動地投入戰鬥。若是上下猜疑，相互不信任，戰士也不會服從，忠誠與有謀略的人得不到任用，人們在背後議論紛紛，讒言與壞念頭立刻就會生長，這樣即使有商湯、周武那樣的智慧，也不能取勝於匹夫，何況是人多勢眾的敵軍呢？

以和為貴 萬事可全

「人和」就是戰鬥力，「人和」就是勝利之本；團結就是力量，團結就能奪取勝利；一個籬笆三個樁，一個好漢三個幫。諺言云：「眾人拾柴火焰高」，「和氣生財，忤逆生災。」孔子也說：「和為貴。」

一支軍隊，一旦內部不團結，上下猜疑，排斥忠良，謠言四起，讒言誹謗，則難望取勝。作為將領，即使有商湯王、周武王那樣的智慧，也不能打敗平庸之輩，這種令人不可思議的事之所以出現，全在於軍隊內部不能精誠合作、失和而引起，這難道不足以說明「人和」在戰爭中的重要性嗎？

一個企、事業單位，若是吵鬧不休，勾心鬥角，相互拆臺，彼此攻擊，互不賣帳，合作關係則難以形成，結果只能各唱各的調，各拉各的琴，始終不能奏出氣勢磅礡的「交響樂」。因此，為人處世，宜於盡力團結一切可以團結的人，與人為善，廣結朋友。如此，多個朋友則多條路子，多場合作則多份力量。

在平定「安史之亂」的戰事中，為了討伐繼承安祿山反叛事業的安慶緒，唐肅宗派出了九名節度使，統領五、六十萬大軍前往賊巢鄴城。這九名節度使包括當時的名將郭子儀、李光弼等在內，真可稱得上兵多將強，佔據了絕對優勢。但從乾元元年十月開始圍困鄴城，直到第二年正月，不但沒攻下鄴城，反而折損了鎮西節度使李嗣業，後來又被史思明用計解圍，並使唐軍遭受了慘敗。

為什麼佔絕對優勢的唐軍會有如此下場呢？這便是唐軍大失「人和」之故。唐肅宗不任用平叛作戰屢立戰功的郭子儀為統帥，反而派出根本不懂軍事的奸臣魚朝恩去當監制全軍的觀軍客使。九位能征慣戰的節度使怎能服氣，怎肯聽命於這名宦官？這便造成了將帥不和。

在實際作戰中，魚朝恩不聽李光弼的合理計謀，各節度使又意見不一，相互推諉，無人肯作主，致使全軍如同一盤散沙，所以遷延時日，久困不克。李嗣也忍不住滿腔煩惱，便孤軍出戰，中毒箭身亡。這正是失和導致唐軍大敗。

察情第四十四

根據一些現象判斷敵情的虛實

當斷不斷，反受其亂，不失時機地採取果斷行動，便可取得成功。猶豫不決，錯失良機，則有導致失敗的可能。惟先鞭一著，先敵籌謀，就能把握住主動權，就有取勝的希望。

〔原　文〕

夫兵起而靜者，恃其險也；迫而挑戰者，欲人之進也；眾樹動者，車來也；塵土卑而廣者，徒來也；辭強而進驅者，退也；半進而半退者，誘也；杖而行者，饑也；見利而不進者，勞也；鳥集者，虛也；夜呼者，恐也；軍擾者，將不重也；旌旗動者，亂也；吏怒者，倦也；數賞者，窘也；數罰者，困也；來委謝者，欲休息也；幣重而言甘者，誘也。

〔譯　文〕

將領率軍作戰，要根據一些現象判斷敵情的虛實。

如果在敵我雙方交戰時，敵方按兵不動，必然是在憑借著險要地勢；敵人不斷地向我方挑戰，必然是想誘惑我軍首先出擊；觀察到樹木無風而動，必然是敵軍的戰車在悄悄駛過來；觀察到塵土低揚而範圍廣大，必定是敵軍的步兵正在偷襲途中；當敵人的言辭強硬而且裝出要向我軍攻擊的樣子，必定是在準備撤退；當敵軍一會兒進擊，一會兒退卻時，則是引誘我軍發動攻擊；觀察到敵人扶杖而行、萎靡不振，敵人必定是饑餓難當；觀察到敵人對於有利時機卻不加以利用，必定敵軍是相當疲憊，無力進擊；飛鳥在敵人的陣地上群集棲息，表示敵軍陣營已經虛空；夜間聽到敵軍陣地上吵鬧喧嘩，表明敵軍對戰爭非常畏懼；敵軍渙散並混亂不堪，表明敵軍主將已失去了應有的威勢；敵軍旌旗紊亂，表示敵軍內部已經大亂；敵方軍官不斷地發怒，表示戰爭形勢已經對他們是無可奈何了，而且對獲勝已完全失去信心；敵人獎賞、刑罰都過於頻繁，表示敵軍主將已經難以扭轉內部的混亂與部下不服從命令的局面；敵方派出使者低聲下氣地來求和時，表示敵方想停戰；敵方送來珍貴物品，說盡甜言蜜語，表明敵方想私下議和。

仔細觀察　酌情分析

人不可貌相，海水不可斗量。人上一百，形形色色。人生活在世間，自然要與人打交道，與人打交道就要學會了解人、觀察人。商人談生意，做買賣，就想了解對方的心態；爲官爲將者提拔幹部，就想眞實了解他的才能；青年人談戀愛，就想了解對方的心理、觀察對方的品德。

人是最難以捉摸的「怪物」。在實戰之中，怎樣才能正確判定敵情，採取適宜的措施克敵制勝呢？又怎樣造出假象，迷惑敵軍，誘敵上當，從而實現自己的戰略部署呢？

諸葛亮以多年潛心研究的心血，長期率軍作戰的經驗，作了細緻的分析，將敵軍的情況劃分爲十七類型，逐條說明各類敵情的徵兆與判斷方法，爲後代軍事人員提供了寶貴的參考資料。

後廢帝元徽二年五月，江州刺史桂陽王劉休范等起兵謀反。後廢帝劉昱召集文武大臣商議對策。這次叛軍遠道而來目的在於速戰速決。因此，蕭道成果斷地決定給敵軍以有力的阻擊，不讓他們的陰謀得逞。

蕭道成領兵到叛軍必經的要衝，著手修建禦敵工事，工事還沒有修好，叛軍前鋒已抵新亭，蕭道成一面安定軍心，一面思考退敵之計，他命人把屯騎校尉黃回和越騎校尉張敬兒找來，口授機宜。也就是叫他倆去跟劉休范說自己要投降。

果然黃回和張敬兒的話讓劉休范深信不疑，又加上親眼看到他們商議的情景更加相信，雖然也有部下提反對意見，可是他根本聽不進去，黃回和張敬兒故意陪休范喝酒，將其灌醉。乘其不備，砍了他的人頭返回新亭。劉休范被殺後，叛軍人心惶惶，有一千多人聯名向蕭道成投降。蕭道成卻把這些投誠書全部燒掉，還向投降的士兵表示只要他們停止攻城，朝廷一定既往不咎。最後，蕭道成擊敗叛兵凱旋而歸。

南宋紹興年間，岳飛受命收復金人的傀儡政權——偽齊所佔領的襄陽、鄧州等六郡。襄陽左臨襄江，據險可守；襄陽的右面是一馬平川的曠野，正是廝殺的戰場。駐守襄陽的偽齊守將李成有勇無謀，把騎兵佈防在江邊上，卻命令步兵駐紮在平地上。岳飛了解了李成的佈防情況後，破敵之計了然於胸。

他命令部將王貴：「江邊亂石林立，道路狹窄，正是步兵的用武之地，你可利用江邊的地形，率領步兵，用長槍攻擊李成的騎兵。」岳飛又命令部將牛皋：「敵步兵列陣於平野，你率騎兵衝擊步兵，不獲全勝不得收兵！」兩將領命而去。

戰鬥開始後，王貴率步兵衝入李成佈防在江岸的騎兵隊伍中，一支支長長的利槍直往戰馬的腹部刺去，一匹匹戰馬應槍而倒。江邊道路坎坷，前面的戰馬倒斃後，後面的戰馬無路可走，也紛紛跌倒，許多戰馬被迫跳入水中，李成的騎兵很快就失去了戰鬥力。

牛皋是員猛將，他率領鐵騎閃電般地向李成的步兵發起衝擊，李成的步兵連招架之力都沒有，紛紛喪命於鐵蹄之下。轉眼之間，步兵隊伍就全線崩潰。

李成眼巴巴地看著自己的隊伍土崩瓦解，掉轉馬頭，棄城而去，岳飛順利地收復了襄陽城。

此後，岳飛又乘勝收復了郢州等五郡，被宋高宗提升為清遠軍節度使。

將情第四十五

至誠至性，
誠心誠意

一個人越是偉大，越是神聖，越有真性情；越是渺小，越是醜惡，越是無真性情。

於真性情中，方可見真豪傑；於真性情中，方可見真偉人。

一個人具備了真性情，心則是真心，意則是真意，所謂的至情至性，誠心誠意，就是這個「真」。

〔原文〕

夫為將之道，軍井未汲，將不言渴；軍食未熟，將不言飢；軍火未燃，將不言寒；軍幕未施，將不言睏；夏不操扇，雨不張蓋，與衆同也。

〔譯　文〕

作為將領來說，在作風上要注意一些日常小事：軍營中的水井沒有打上水來，將領不能先叫喊口渴；部隊的飯菜沒有做好，將領不能先叫喊飢餓；軍隊中的火堆沒有升燃，將領不可先叫寒冷；軍隊中的帳篷沒有搭建完好，將領不可先叫睏乏；夏季炎熱，將領不可輕易拿扇子取涼；下雨天氣，將領不可先張傘避雨。總的說來，將領在各種生活細節上要處處與戰士相同。

正己正人　將士一體

打鐵先要本身硬。正人先正己。爲官爲將者，管教他人先得把自己管好，要求部下遵守紀律先得以「非法不言，非道不行」來約束自己；要求他人同甘苦、共榮辱，首先自己不鑽營特殊化；要求他人廉潔奉公，節儉思危，首先自己是兩袖清風，家無餘財。在一系列的生活小事上，堅持大衆化。

現在，在很多人的心目中，認爲做官是件很容易之事，只須發號施令，上傳下達，只須「君子動口不動手」。然而，只說不做，或說的是一套，做的又是一套，這等人只能做一個庸官、污官，永遠做不了令人欽仰，令部下誠服，具有威信的好官。

當官做頭兒的，要想煞住腐敗風氣，不讓他人行賄受賄，自己首先要經受得起金錢的誘惑，所做所爲有正人君子的風範。諸葛亮十分看重爲官者的表率作用，看重以身作則的榜樣力量。

抗金名將岳飛，不論是在戰時還是平時，總是和士卒同甘共苦，在飲食起居方面沒有特殊之處。

一次，他派兵給他的一名幕僚送信，當時正值寒冬季節，這名士兵只穿著一件單衣，這位幕僚便問士兵，是否因為待遇微薄，使他衣不保暖，並問他：「你對此是否不滿？」士兵回答說：「在別個大將的部隊裡，士兵應得的『請給』，總要被克扣一部分，所餘的部分還要強令去製作衲襖之類衣服，本人雖能穿得暖和些，眷屬老小卻不免受餓挨凍。唯獨岳宣撫這裡不同，軍中所得給養，從不克扣一文，並且完全聽憑士兵個人分配。我的衣著單薄是因為家累太重，所得的『請給』都用在家小身上了。我沒有受到上層的克扣，怎會有什麼不滿呢？」

正是由於岳飛十分愛兵，堅持與士兵同甘共苦，所以岳家軍成了抗金主力，令金軍聞風喪膽。

公元前四九三年，齊國送糧食給叛逃在外的晉國貴族范氏、中行氏，鄭國派人幫著護送，在晉國執政的趙鞅率軍阻止，並爭奪這批糧食。兩軍在衛國戚地相遇。

出征之前，趙鞅向士兵宣佈了范氏和中行氏的反叛罪行，並設重賞來爭取各種身份的人士支持。在戰前的誓師詞中，趙鞅宣佈了一系列獎賞政策，其中最重要的內容有三：第一，有軍功的大夫能得到縣郡的土地作為征收賦稅的對象；第二，在戰鬥中立功的庶人、工、商，都可以上升作官吏；第三，在戰鬥中立功的人臣、隸、圉等家內奴隸，可以免除其奴隸身份，獲得人身自由。由於趙鞅宣佈解放奴隸，按軍功授田。實行立功授獎的政策，從而調動了全軍將士的積極性，士氣高漲。

兩軍交戰前夕，王良為趙鞅駕車，在晉國避難的衛太子蒯聵為趙鞅的車右，他們一同登上鐵丘。遠遠看去，鄭軍人馬很多，衛國太子竟嚇得從車上跌落下去。王良趕緊遞給他一條帶子，讓他拉著登上戰車，並指責說：「你簡直像個女人。」趙鞅視察隊伍時，又對部隊進行了鼓動。他說：「從前先君獻公的車右畢萬本來是個平民，他在七次戰鬥中都俘虜過敵人，結果受到重獎，成為家有一百乘兵車的大夫。希望大家在這次戰鬥中也努力作戰，英勇立功獲得獎賞。其實，作戰英勇並不一定就會戰死，畢萬就是正常去世的。」

雙方交戰後，鄭國人的武器擊中趙鞅的肩膀，趙鞅倒在車中，鄭國人乘機把帥旗搶走。正在危急時刻，衛太子蒯聵抖擻精神，揮戈向前，救起了趙鞅。晉軍也並沒有因為主帥受傷，帥旗被奪而影響士氣，將士們個個奮勇當先殺敵軍，爭著立功。鄭軍開始後撤，衛太子等人緊追不放，鄭軍被打得狼狽逃竄，晉軍繳獲了齊國的上千車糧食。

威令第四十六

將帥的威勢由法令所產生

君子不重則不威，一個領袖者的威儀則是使人畏懼、馭服所不可缺少的條件。

惠而罔威則不畏，威而罔惠則不懷。

威有外在之威，有內在之威，外威則使人畏懼，內威則使人敬畏。

〔原文〕

夫一人之身，百萬之衆，束肩斂息，重足俯聽，莫敢仰視者，法制使然也。若乃上無刑罰，下無禮義，雖貴有天下，富有四海，而不能自免者，桀、紂之類也。夫以匹夫之刑令以賞罰，而人不能逆其命者，孫武、穰苴之類也。故令不可輕，勢不可逆。

〔譯　文〕

身為將帥，指揮著百萬大軍，能夠使部隊恭恭敬敬地接受命令，凝神專心，穩重有序，毫不鬆懈，這是法令嚴格的結果。如果將帥對部隊沒有賞罰，部隊也不懂得禮義，雖然佔有天下，富有四海，也難以逃出自我滅亡的命運，和夏桀、商紂這樣暴君的下場相同。然而將帥在領導部隊時，能以法令作為賞罰根據，部下絕不敢違背將帥的命令，就會像孫武、穰苴這類善於以法治軍的人一般。所以法令是不可輕視的，將帥的威勢由法令而產生的，也是不可抗拒的。

以身作則　令出如山

威令是軍隊戰鬥力的保證，愛護戰士又是得軍心的必要手段，兩者相輔相成，缺一不可。如此，才能建立起一支上下同心同德，有統一意志的剛強部隊。

治軍從嚴，保證將領的統兵權威，更需要注重愛兵的作風，關懷、信任、正確使用部下，強調人和，尤其重視以身作則，身先士卒的模範作用。

諸葛亮在帶兵之中嚴於律己，堪稱典範。街亭一戰失敗，他一面忍痛斬馬謖，以正軍紀，明賞罰，一面主動承擔責任，上書表請求貶職三級，從丞相降為右將軍，因而更受將士的愛戴。有些領導人，說起來振振有詞，做起來又是兩碼事，只許官家放火，不準百姓點燈，這樣倒不如不必吹毛求疵，何以談得上威信？如此言行不一的人，無異在自己臉上寫下了「偽君子」三個字，讓人看見少不得唾幾口口水。

周滅紂之後，急需羅致一批人才為新王朝效力。在齊國有一位賢人狂矞，很為地方人士推重。姜太公慕名，想請他出來做事，拜訪了三次都吃了閉門羹。於是姜太公把他殺了，周公旦想救也來不及，問姜太公道：「狂矞是位賢能，不求富貴於世，為什麼把他殺了？」

姜太公說：「四海之內，莫非王土，率土之濱，莫非王臣。在天下大定之時，人人應為國家出力。如果大家都仿效狂矞這種不合作態度，那還有什麼可用之兵，可納之餉呢？把他殺了，目的在以儆效尤。」於是人們都以狂矞為戒，樂於為周王朝效力。

東夷第四十七

以仁義道德安撫，兼備強大的攻勢

大凡富強了的國家，都積極採取各種措施，使人民安居樂業，生活水平逐步提高。

使那些居住在邊遠地區的少數民族，有所嚮往，逐漸歸附。

那些仁人志士也就會從四方而來，自願為國家的建設而獻身。

〔原　文〕

東夷之性，薄禮少義，悍急能鬥，依山塹海，憑險自固，上下和睦，百姓安樂，未可圖也。

若上亂下離，則可以行間，間起則隙生，隙生則修德以來之，固甲兵而擊之，其勢必克也。

〔譯　文〕

東部少數民族的特性，薄禮少義，勇猛善戰，他們的居地依山傍海，能夠進行較強的自我保護、防禦對外。在上下和睦，百姓安居樂業時，要想打敗他們是很難的。如果他們上下之間出現了分離兆頭，就可以用離間的方法，擴大他們之間的矛盾，產生混亂，使百姓與他們上層離心背向，造成激烈的衝突，而後就以仁義、道德安撫他們，還要配備強大的軍事攻勢，這樣一定能戰勝敵人。

間起隙生　其勢必克

「悍急能鬥」、「憑險自固」是東部少數民族的特徵。他們依山傍海，憑藉著險要地形地勢，有比較強的自我保護能力，也有較強的對外防禦能力。

當時，邊遠地區不發達，文化交流也很落後，諸葛亮在這裡並不是對他們輕視，而是從敵情方面進行戰術分析。東部的少數民族，精通水性，善於作戰，因此，諸葛亮提出了對付他們的策略：當他們內部團結和睦時，百姓能安居樂業，不能出兵攻擊他們。如果他們上下之間出現矛盾，便用離間的辦法使之混亂，然後用仁義道德進行安撫。

對於不開化的地區，僅憑仁義道德不足以解決問題，還要配備強大的武裝力量，才能使他們歸服。

唐時，突厥屢次犯邊，常常驅使河北人民去做苦役。等到突厥撤退時，便將他們拋棄不顧。那些被驅趕的人們害怕朝廷誅戮，多數人都逃到山林草莽中躲藏起來。狄仁傑很擔心這件事，上奏皇帝說：

「邊境之亂是暫時的，不足為憂；中原不安定才是大事。那些突厥、契丹脅從的人，都是被逼無奈，暫且圖一個不死。因怕朝廷治罪，於是潛入山澤，露行草宿。如怪罪他們，群情必然恐懼；如饒恕他們，反而會苟且偷安。希望赦免河北諸州，不再追查。」

皇帝答應了，當即委任狄仁傑為河北道安撫使，安撫那裡的百姓，河北才得以安寧。

公元前六三二年，楚國攻打宋國，宋國急忙向盟國晉國求援。晉文公接到宋國的緊急求援信，立即傳令出兵救宋。大臣狐偃對晉文公說：「宋國離我們太遠，只怕我們的大軍未到，宋國已經支持不住了。曹國和衛國就在我們附近，他們都是楚的盟國，我們出兵進攻曹、衛，楚國必然來救，那時，宋國的包圍就可自行解除了。」

晉文公採納了狐偃的建議，揮師攻打衛國，奪取了衛國的五鹿（今河南境內），又包圍了曹國的都城。曹國不敵晉國，曹共公驚惶失措。有人向曹共公獻計：「何不詐降誘晉軍入城？

待晉軍入城後一舉殲滅它們！」

曹共公認為此計可行，派使者向晉文公求降。晉文公根本不把曹國放在眼中，喜滋滋地接受了曹共公的請求，並與使者約定，第二天入城受降。

第二天，晉國毫無戒備地入城受降。不料，先頭部隊剛入城，曹軍就關上了城門，入城的少量晉軍被曹軍全殲。曹共公為恐嚇晉軍，還把晉軍士兵的屍體排列在城牆上。

曹共公的做法引起晉文公的憤怒，他下令把部隊開到曹國人的墳地上，揚言要挖掘曹國人的祖墳，把墳中的屍體全扔出去——在當時，人們對祖宗的墳地十分敬畏，曹共公立刻就屈服了。為了「謝罪」，曹共公答應把晉軍陣亡士兵的，屍體裝在棺內，以莊重的禮儀送出城，晉文公再次同意了曹共公的請求。

這一回，晉文公多了個心眼——趁曹軍大開城門禮送棺材隊伍出城之機，突然發起攻擊，衝入城中。曹軍本來就不是對手，眼見晉軍精銳攻入城來，一哄而散，曹共公也成了晉國的階下之囚。

楚國正在攻打宋國的都城，接到衛、曹的告急求援信，慌忙來救，但還是晚了一步。

南蠻第四十八

速戰速決，不可久留

在激烈複雜、瞬息萬變的爭鬥中，往往會隨時出現意外事件，突發的危機。領導者絕不可驚慌失措，莽撞行事，則必須臨危不懼，處變不驚。沉著、機智地應付，採取周密的措施，迅速扭轉不利的局面，以速戰速決的策略獲勝。

〔原 文〕

南蠻多種，性不能教，連合朋黨，失意則相攻，居洞依山，或聚或散，西至崑崙，東至洋海，海產奇貨，故人貪而勇戰，春夏多疾疫，利在疾戰，不可久師也。

〔譯　文〕

南部有很多少數民族，他們不開化，性格也難以教育，他們常常聯合成不同的團體，遇到大的利害則相互攻擊，他們居住在山洞、水邊，有些聚集在一起，有些分散各地，西至崑崙山，東至海邊都是他們的活動範圍。那裡的大海中產生奇貨，所以人人貪心好戰，那個地方在春夏兩季常發生瘟疫，所以與他們作戰，只宜於速戰速決，不可久留。

利在疾戰　不可久師

南部有許多種類的少數民族，他們的特點是，不容易開化，喜愛結成朋黨，但是稍不滿意就相互攻擊。他們的住地分散，爲人貪心，卻勇敢好鬥。

我國西南部地區，處於亞熱帶氣候，春夏季節雨水較多，傳染病常常流行。針對這些情況，諸葛亮特別強調，對於這樣地區進行戰爭，應該速戰速決，千萬不可進行持久戰爭。

諸葛亮作為一名傑出的軍事指揮家，他的志向並不偏限在治理蜀國，還在治理全天下，所以他對四周的少數民族的風土人情、地理情況都很了解，只可惜受當時各種條件的制約，致使「出師未捷身先死，長使英雄淚滿襟」。

三國時期，蜀漢先主劉備死後不久，南中地區幾個郡的少數民族紛紛起來反抗蜀漢。丞相諸葛亮親率大軍征討南中用攻心戰術七擒孟獲，又放了七次。孟獲深受感動，決定和其他部落投降蜀漢。諸葛亮平定南中並沒有從朝廷派遣官員來，而是任命孟獲和各部落的首領為各級地方官，管理他們原來的地區。

諸葛亮說派官吏來弊多利少。如派官吏來就得留下軍隊保護他們，這是一件難辦的事。南中剛平定如派官吏來，當地死者的家屬親友會對這些人懷恨在心，勢必與宦官發生衝突，從而引發一次新的叛亂，這是第二件難辦的事。再有如派官吏來，當地首領和百姓會認為朝廷不信任他們，他們歸順的信心就會動搖，這是第三件難辦的事。

現在朝廷不派官吏來什麼東西都可省去，也減輕了百姓負擔，讓各部落自己管理自己，社會秩序立刻就能大體安定下來。大家聽了諸葛亮的分析，都欽佩他想得周到深遠。此後，南中的部落再也沒有反叛。

公元前五八〇年，晉厲公與秦桓公簽訂了結盟文書，但墨跡未乾，秦軍就背棄誓言，向晉國發起攻擊。晉厲公認為秦軍無德無義，於是宣佈與秦絕交，並發表了「伐秦宣言」，聯宋、齊等八個盟國的軍隊伐秦。

戰前，晉厲公與諸將和謀臣作了精密的策劃，一致認為：晉國雖然能聯合八個盟國出兵，但這種聯合是鬆散、暫時的；楚國與秦國是盟友，如果不是為了對付吳國，它很可能會出兵幫助秦國。鑒於這種情況，戰爭應該速戰速決，一次打擊就應成功，否則，難免會夜長夢多。

這一年的五月，晉厲公集本國大軍和盟軍共十二萬人，直逼秦境，在涇水東岸的麻隧列下陣來，決心乘秦軍東渡涇水，立足未穩之機，給秦軍以毀滅性的攻擊。

秦桓公見晉軍逼近國境，急忙調集各路人馬約七萬餘人匆匆東渡涇水。晉厲公見秦軍陸續登岸，亂哄哄地準備佈陣，正是實施打擊的好時機，立即擂鼓進軍，以排山倒海之勢向秦軍發起強攻。秦軍慌忙應戰，亂作一團，短兵相接，即刻大敗。秦軍背靠涇水，敗兵爭先跳入涇水逃命，溺死無數。晉軍以泰山擊卵之勢將涇水以東的秦軍全部殲滅，戰鬥迅速結束——晉國的一些盟軍將士尚未投入實戰。

西戎第四十九

等待有利時機，才可一舉殲敵

任何人，任何一件事，都有其機微隱漸的縫隙存在裡面。在任何一種制度下，或一個平安時代中，都是有懈可擊的。只要我們去留心、觀察利用，就能尋出主要縫隙，潛行使其擴大到無可收拾的局面，再猛擊要害，如此，成功就指日可待。

〔原　文〕

西戎之性，勇悍好利，或城居，或野外，米糧少，金貝多，故人勇戰鬥，難敗。自磧石以西，諸戎種繁，地廣形險，俗負強狠，故人多不臣，當候之以外釁，伺之以內亂，則可破矣。

〔譯　文〕

西部的少數民族，性格勇猛、貪圖利益，有些結城而住，有些分居在野外，那裡糧食不豐盛，卻有很多的金銀財寶，那些人英勇善戰，很難打敗他們。

那些少數民族住在大漠西邊，種族繁衍很快，有廣闊的地帶、險峻的山勢，他們的習慣是恃強行凶，不想臣服於中原，只有等待時機。當他們遇到其它之外的民族挑戰，內部混亂時，才可以向他們出兵，才能徹底消滅他們。

伺之內亂　則可破敵

西域地帶的少數民族，勇猛凶悍，貪圖貨利。並從他們的生活環境中分析出：有的結城而住，有的分散住於野外，米糧缺乏，但金銀財寶很豐盛，從而形成了他們的特別性格。

西域地區的地理特點：在大漠以西，有廣闊的地域和險峻的形勢。他們的種族繁衍快，又有恃強行凶的習慣，所以不願臣服中原國家。

對待西域地帶的少數民族，不能蠻幹，只有等待時機，在他們遇到外族挑戰，內部混亂不堪時，才可以興兵出師，一舉擊敗他們。也就是說，在戰鬥中針對不同的地理條件，不同的民族性格，應靈活運用，不能生搬硬套，不然難以獲勝。

曹操用計殺掉馬騰和他的次子、三子後，鎮守西涼的馬超本是和其父的異姓兄弟韓遂一同討伐曹操的，當時兩軍共有二十萬悍勇的西涼兵，十分強大，打得曹操割鬚棄袍，差點兒要了曹操的命。

可是，後來馬超中了曹操的離間計，和韓遂自相殘殺，以致幾乎全軍覆沒。再後來，馬超又因殘殺韋康全家四十多口，借用楊阜而失敗得更慘，無處存身，只好去投靠漢中的張魯。張魯卻並不信任馬超，在權臣楊松慫恿下，逼得馬超無路可走。諸葛亮利用西戎的內亂，趁機招降了馬超，得了一員虎將。以後，又用馬超去退了羌兵。

清朝順治年間，清軍派出精銳八旗騎兵分兩路包抄漳州（今福建漳州），逼迫明將鄭成功退守海澄（今福建龍海縣內）。海澄背臨大海，是通往廈門的門戶。失去海澄，鄭成功就面臨全軍覆滅的危險。因此，鄭成功一面激勵官兵死守海澄，一面派出密探探察八旗軍的虛實，準備背海與清八旗軍決一死戰。

清軍在發起進攻前，先用猛烈炮火轟擊海澄，把鄭成功苦心築起的防線全部擊毀。炮火還給鄭成功的士卒造成重大傷亡。但是，清軍只顧一時之用，將所有彈藥打光，又不能及時得到補充，只好與鄭成功展開決戰。鄭成功派出的密探了解到這些情報後，迅速報告給鄭成功。

鄭成功覺得這是殺敵的良機，於是，連夜派人秘密把城內所有的火藥都運入城外的外壕中，接上了引信，通過地道把引信引入城內，又定下計謀，決戰時先把清軍引入外壕，再引爆炸藥，全線攻擊。

清軍的進攻從拂曉開始，鄭成功率前沿部隊與清軍血戰。看看戰至天亮，鄭成功才命令軍隊小心地向後撤退，一步步把清軍引入外壕。待清軍主力大部分進入外壕，鄭軍退近海澄城時，鄭成功下令點燃引信，引爆炸藥。頓時天崩地裂般的響聲不絕於耳，八旗人馬，血肉橫飛，死傷慘重。

炸藥爆炸之後，鄭成功大開城門，全線衝擊，首先把越過外壕的清軍殲滅，又殺殘餘清兵，並乘勝進軍，把閩、粵一千餘里的海岸和陸上的漳、惠等地納入自己的控制範圍，鄭成功的隊伍也一下子壯大到二十餘萬人馬。

北狄第五十

屯兵屯糧，穩扎穩打

聖人知機，愚人不見機；明人用機，愚人不用機。如果事情的利害得失，都能彰明昭著，天下人皆可見，才乘機而做，則不是聖明人士的機。聖明人士能見微知著，能謀於無形，成於無跡。

〔原　文〕

北狄居無城郭，隨逐水草，勢利則南侵，勢失則北遁，長山廣磧，足以自立，飢則捕獸飲乳，寒則寢皮服裘，奔走射獵，以殺為務，未可以道德懷之，未可以兵戎服之。漢不與戰，其略有三：漢卒且耕且戰，故疲而怯，虜但牧獵，故逸而勇，以疲敵逸，以怯敵勇，不相當也，此不可戰一也。

漢長於步，日馳百里，虜長於騎，日乃倍之，漢逐虜則運糧負甲而隨之，虜逐漢則長驅疾騎而運之，運負之勢已殊，走逐之形不等，此不可戰二也。

漢戰多步，虜戰多騎，爭地形之勢，則騎疾於步，遲疾勢懸，此不可戰三也。

不得已，則莫若守邊。守邊之道，揀良將而任之，訓銳士而禦之，廣營田而實之，設烽堠而待之，候其虛而乘之，因其衰而取之，所謂資不費而寇自除矣，人不疾而虜自寬矣。

〔譯　文〕

北方地區的游獵民族，沒有固定的住處。哪個地方的水草豐富，他們便到哪裡居住，看到有利時機，便南下侵犯中原。如果沒有充分的力量便逃向更遠的北方。他們憑藉險要的陰山山脈與廣闊的沙漠地帶，有很強的自衛能力。飢餓時，就捕殺野獸，喝獸乳；寒冷時，用獸皮縫製衣服，每天都在奔走射獵，以捕殺動物作為每天必行之事。這樣的民族，既不能受到道德的感化，也不會因戰爭而屈服。漢朝不對他們用兵的理由有三條：

一、漢朝的士兵是一邊耕種，一邊作戰，所以很疲勞、膽怯，而北方的少數民族以射獵為生，過著游牧生活，安閒而勇敢，是難以戰勝他們的。

二、漢軍是以步兵為主，每天只能行走百里，而北方少數民族擅長騎馬作戰，每天行程是漢軍的幾倍，漢軍追擊北狄時，要攜帶很多糧食、軍餉與鎧甲，而北狄追擊漢軍時，只需用馬匹運輸這些軍需物資，敵我運輸方式不同，相互追擊的速度也有很大差距。

三、漢朝是徒步作戰為主，北狄是以輕騎作戰為主，雙方搶奪最好的地勢時，騎兵必然快於步兵，速度差異很大。因此對待北狄，不能用戰爭的方式，只好守衛自己的邊疆。

所以派遣將士戍守邊疆，要選拔賢能的人作為將帥，訓練精銳的士兵進行防禦，大規模地屯田種糧，充實倉庫，設置烽火臺瞭望、觀察敵情，遇到北狄虛弱時便乘機而入，等到他們勢力衰竭時便可以一擊成功。如此，就不需要動用過多的人力、物力、財力，而能使敵人自取滅亡，也不能因北狄入侵邊疆所造成的緊張局勢，而鬆緩了軍事防備。

候虛而乘　因衰而取

諸葛亮分析了北方游牧民族的特性，並將漢族與他們進行了優劣比較，得出了三點：一、以漢兵的疲憊對抗北狄的安逸，以漢兵的膽怯對付他們的勇猛，則難以獲勝。二、漢軍以步兵爲主，他們以騎兵爲主，運輸方面漢軍是靠人力，北狄是用馬匹。三、漢軍靠步戰，北狄善於騎戰，速度懸殊很大。

所以對付他們，最好不動戰爭，以防守邊疆爲最佳方式。選派良將戍守邊關，訓練精銳部隊，實行屯田積糧的戰略，以逸待勞，伺機破敵。諸葛亮雖沒有親自對付過北狄，而歷代朝廷大多實行他提出的策略，證明這個策略是行之有效的。

諸葛亮不是以普通的方式從對方的政治、軍事、經濟、文化等情況著手分析，而是結合當時社會、自然條件等特點，去分析這些民族的本性，針對這些本質特性擬定對策。

唐朝初年，北狄主要是突厥，也曾多次入侵，在李世民剛登上皇位時，還曾直逼長安。唐太宗李世民恩威並用，使突厥內部發生分裂，並趁其力量削弱之機，出動大軍一舉掃平了東突厥。

原來，當突厥首領頡利可汗領兵直逼長安時，唐太宗已看出了突厥內部問題：「我看那突厥兵，人數雖多，但部武不整，君臣上下，只知索求賄賂。」唐太宗鑒於唐朝政權剛剛建立，百姓苦於多年戰亂，所以暫時允許訂立盟約。經過幾年休養生息，唐朝國力大增，而突厥卻內部紛爭不斷，出現了十五個部落權力中心。

唐太宗李世民看時機成熟，又借頡利犯邊之機，於貞觀三年十一月，任命兵部尚書李靖為行軍總管，統領大軍北征。代州總督張公謹為副總管，還有名將李世勣、薛萬徹等任各道總管，分路進兵，總計有精兵十多萬。

唐朝大軍所向無敵，直指磧石、鐵山、掃平突厥，逼使部落酋長獻出頡利可汗。隨後太宗下召，將突厥轄地劃分為十州，封官治理，又設置定襄和雲中兩個都督府，統轄十州。從此，突厥轄地歸入唐朝治下。唐太宗平定漠北，大大超過了其前歷代君王的功績。唐太宗能一舉平定北狄，正如諸葛亮所說：「侯其虛而乘之，因其衰而取之。」

公元七一三年夏季，鄭莊公親自率領公子呂、高渠彌、潁考叔、公孫閼等將士，攻打宋國。莊公為中軍，建立一面大旗，上寫著「奉天討罪」四個大字，浩浩蕩蕩向宋國殺來。宋殤公聽說鄭國伙同齊、魯兩國軍隊一起來犯，嚇得面如土色，連忙召見司馬孔父嘉，研究禦敵之策。孔父嘉對殤公說：

「鄭國假托王命，號召列國，但跟隨他的並不多，蔡國和衛國就沒有相從。現在鄭伯親率兵士在此，其國內必定空虛，主公可以準備重禮派使者急速送與衛國，賄賂其糾合蔡國用輕兵襲擊鄭國。鄭莊公聽說自己的國土將丟失，必然要抽調兵力去營救。如果鄭兵退去，齊、魯之軍也就難以獨留了。」

應該說，孔父嘉的這一策略是很高明的。當鄭國太子忽遣人將告急文書送到莊公手上時，莊公立即命令班師回國。但是，宋國聯絡衛國組成的這支軍隊，並沒有抓緊戰機去直接進攻鄭國的都城，而是在中途節外生枝，召來蔡國軍隊去進攻戴國，蔡人本來是宋、衛陣營，但對宋、衛兩國在伐鄭途中才召他遠道伐戴，很為不滿。因此，沒有積極配合宋、衛軍隊的行動。宋、衛、蔡三國內部出現了矛盾。這樣，就給鄭莊公提供了可乘之機。

鄭莊公在班師回鄭的途中，聽到宋、衛之兵已經移師攻打戴國的消息，心中暗喜。他想：

宋、衛聯軍攻戴，戴國必然急於求援，而宋、衛、蔡之間行動不協調，較容易擊破，何不趁此一箭雙雕?!於是他傳令公子呂、高渠彌、潁考叔、公孫閼四將，各領一路人馬，授以妙計，偃旗息鼓，向戴進發。

正當戴國之君處於危難之際，忽聞鄭國公子呂領兵來救，即打開城門納入。其實，莊公也在隊伍之中，騙進戴城後，莊公便將戴君驅逐出城，兼併了戴國軍隊。宋、衛聯軍見鄭伯已經佔領了戴城，無比憤怒，表示要與鄭軍決一死戰。而此時鄭軍其餘三將已對宋、衛聯軍形成了包圍之勢。經過一場廝殺，衛將右宰醜陣亡，孔父嘉落荒而逃，宋、衛、蔡三國車乘兵員都被鄭國所俘獲。鄭莊公得了戴城，又擊敗了三國之兵，大軍奏凱，滿載而歸。

便宜十六策

概述

《便宜十六策》，三國時期著名軍事家諸葛亮著，每策一篇，共十六篇，即：治國第一、君臣第二、視聽第三、納言第四、察疑第五、治人第六、舉措第七、考黜第八、治軍第九、賞罰第十、喜怒第十一、治亂第十二、教令第十三、斬斷第十四、思慮第十五、陰察第十六。但是否全係諸葛亮所作，尚難斷定。本書僅選錄了《治軍》第九篇，從中可以看出《便宜十六策》所反映的治軍思想。

《便宜十六策》強調「國以軍為輔」，認為軍隊治理如保關係重大。《治軍第九》篇指出：「治軍之政，謂治邊境之事，匡救大亂之道，以威武為政，誅暴討逆，所以存國家安社稷之計」，這就明確了治軍與治國的關係。

《便宜十六策》提出「教令為先」，從基礎開始訓練軍隊。《教令第十三》規定了基礎訓練需要掌握「五法」、「五陳」（陣）。所謂「五法」，「一曰，使目習其旌旗指麾（揮），縱橫之術；二曰，使耳習聞金鼓之聲，動靜行止；三曰，使心習刑罰之嚴，爵賞之利；四曰，使手習五兵（戈、矛、殳、戟、弓）之便，鬥戰之備；五曰，使足習周旋走趨之列，進退之宜」。概括起來，就是訓練士卒變換隊形、動止；明確賞罰；會使用各種兵器等。「五陳（陣）」，即「左教青龍，右教白虎，前教朱雀，後教玄武，中央軒轅，大將之所處，左矛右戟，前盾後弩，中央旗鼓，旗動俱起，聞鼓則進，聞金則止，隨其指揮，五陳乃理（條理）。」「五陳」基本陣形，為直、銳、方、圓、曲陣，其法，「一鼓，舉其青旗，則為直陣；二鼓，舉其赤旗，則為銳陣；三鼓，舉其黃旗，則為方陣；四鼓，舉其白旗，是為圓陣；五鼓，舉其黑旗，則為曲陣。」直、銳、方、圓、曲陣，又成為本、火、土、金、水陣。「直陣者，木陣也；銳陣者，火陣也；方陣者，土陣也；圓陣者，金陣也；曲陣者，水陣也。」五行之陣。根據五行相和相剋，適時地輾轉變化利於己的陣形。其作戰單位編成，實行五五相保，「五人為一長，五長為一師，五師為一枝，五枝為一火，五火為一撞，五撞為一軍」。

其上述都可以普遍採取典型示範的「教戰」方法。

《便宜十六策》主張治軍必須執法肅然，賞罰有信。《賞罰第十》篇中明確指出：「賞罰之政，謂賞善罰惡也。賞以興功，罰以禁奸」，賞施，「則勇士知其所死」，刑罰，「則邪惡知其所畏」，因此，為了確保法令的順利施行，專設規定，以軍法約束之。其中《便宜十六策》中的《斬斷第十四》就規定「不從教令之法」，共七款。「一曰輕，二曰慢，三曰盜，四曰欺，五曰背，六曰亂，七曰誤，此治軍之禁」。所謂「輕」指「期會不到，聞鼓不行，乘寬自留，避回自止，初近後遠，喚名不應，車甲不具，兵器不備，此為輕軍，輕軍者斬」。所謂「慢」，「受令不傳，傳令不審，迷惑吏士，金鼓不聞，旌旗不睹，此謂慢軍，慢軍者斬」。所謂「盜」，「食不稟糧，軍不省兵，賦賜不均，阿私所親，取非其物，借貸不還，奪人頭者，以獲其功，此謂盜軍，盜軍者暫」。所謂「欺」，「變改姓名，衣服不鮮，旌旗裂壞，金鼓不具，兵刃不磨，器仗不堅，矢不著羽，弓弩無弦，法令不行，此為欺軍，欺軍者斬」。所謂「背」，「聞鼓不進，聞金不止，按旗不伏，舉旗不起，指揮不隨，避前向後，縱發亂行，折其弓弩之勢，卻退不鬥，或左或右，扶傷舉死，自托而歸，此為背軍，背軍者斬」。所謂「亂」，「出軍行將，士卒爭先，紛紛擾擾，車騎相連，咽塞路道，後不得先，呼喚喧嘩，無所聽從，失亂行次，兵刃中傷，長短不理，上下縱橫，此謂亂軍，亂軍者斬」。所謂「誤」，「屯營所止，問其鄉里，親近相隨，共食相保，不得越次，強入他伍；干誤次第，不可呵止，度營出入，不由門戶，不自啟白，奸邪所起，知者不告，罪同一等，合人飲酒，阿私取受，大言驚語，疑惑吏士，此謂誤軍，誤軍者斬」。

諸葛亮立法必審，執法必嚴，賞罰必信，是曠古所罕見的，而且能使受罰者「心悅誠服」，無怪後人稱頌諸葛亮：「法令明，賞罰信，士卒用命，赴險而不顧」。所以，諸葛亮可稱為千古治軍師表。

治國第一

各安其位，各司其職

治國者不僅要遠大高明，尤其要做到心志遠大，見識高明。既有超時代的偉大性，還應看到數十年的現實世界，更要看到千百年之後的遠景。既有超空間的偉大性，還應看到自己所處的國家環境，更要看到整個世界局勢。既要能見世人所不見，料世人所不料，並處處高人一著，更應如日月的照耀，無處不到。

〔原　文〕

治國之政，其猶治家。治家者務立其本，本立則末正矣。夫本者，倡始也，末者，應和也。倡始者，天地也，應和者，萬物也。萬物之事，非天不生，非地不長，非人不成。

故人君舉措應天，若北辰為之主，臺輔為之臣佐，列宿為之官屬，衆星為之人民。是以北辰不可變改，臺輔不可失度，列宿不可錯繆，此天之象也。

故立臺榭以觀天文，郊祀、逆氣以配神靈，所以務天之本也；耕農、社稷、山林、川澤、祀祠祈福，所以務地之本也；庠序之禮，八佾之樂，明堂辟雍，高牆宗廟，所以務人之本也。故本者，經常之法，規矩之要。圓鑿不可以方枘，鉛刀不可以砍伐，此非常用之事不能成其功，非常用之器不可成其巧。

故天失其常，則有逆氣，地失其常，則有枯敗，人失其常，則有患害。經曰：「非先王之法服不敢服。」此之謂也。

〔譯　文〕

治理國家的方法，好比管理家庭。管理家庭的主要方面是確定家庭的根本，根本確定了，其它有關方面也就自然能確定。本，就是萬事萬物的起始、根本。末，就是由本派生而出並與本相呼應的事物。萬事萬物的根本乃是天地，由天地派生而出的末就是萬事萬物。萬事萬物不斷地繁衍的規律是：賴天生成，依地生長，並經過人來完成。

所以，君主治理國家的各項政策、法令、措施都應該遵循自然規律，應該如同北極星作為天星的中心一樣，成為治理國家大事的中心，宰相的輔佐則如同北極星身邊的指極星一般，其它的官員則如同天空中其它的星辰，而人民則是散佈在天空中數不清的星星小點。因此，北極星的中心位置不可改變，指極星的作用不可沒有法度，其它星辰更不能有錯亂、失誤的地方，這就是天象。

所以，人們建立高樓閣用以觀測天象，制定時節進行祭祀活動，以便應和神靈，順應天時、敬畏神靈，這就是務天之本，順應天的規律。人們對農耕、社稷、山林、川澤的祭禮是要祈福於地的，也就是務地之本，順應地的規律。人們在學校裡學習禮義，嚴格八佾之樂，明確上下級的關係。君主在大殿上設置大學，講授治國安邦的理論，並在深牆大院內祭祀列祖列宗，這就是務人之本。所以說，治理國家的根本就是平時的各項法令、人倫理論的基本內容。圓形的鉚眼，不能容納方形的榫子，鉛刀不可以拿去砍伐樹木，意思就是不用正確的工具不能成就於事，不使用正確的方法不能成功，即違背了客觀規律必定要失敗。

當天的規律失去常態時，就會出現動亂，當地的規律錯亂時，萬物就會枯敗，倫理失常必定會出現各種災禍。因此經書中說：「如果不是先王傳下來的禮法道統，我不敢妄加遵循。」說的就是這方面的道理。

治國之政　其猶治家

治國之「本」，就是處理國家大事的法則，是君臣百姓的行爲準則。根據自然規律行事，使君臣百姓各安其位，各守其份，各司其職。重要一點是，不可本末倒置，不然就會亂套。諸葛亮做了一個生動、形象的比喻，君主如同北極星，臣屬則是圍繞北極星轉動的北斗星，百姓則是無數的點點繁星。

一副魚網雖大，只要握住了網繩，整個網眼就會張開；寫文章雖不易，只要抓住了中心思想，文章就算成功一半；無論做什麼事，只要抓住了根本，其它問題就會迎刃而解。所以諸葛亮提出了「經常之法，規矩之要」。強調了敎禮樂、重法治。

要維護社會的安定，保障國家的正常運轉，禮樂、法治，確實非常重要，只是時代不同，所賦予的具體內涵不同罷了。當今社會的「禮」和「法」，從維護社會安定秩序來制訂，制定與運用「禮」、「法」，保障人民的安全與合法權利，保障國家機器的正常運轉，守「禮」遵「法」一同樣重要。

南朝劉宋元嘉二十七年七月，宋文帝得知北朝的北魏政權即將大舉南侵，決定先發制人搶先北伐，反守為攻。

身經百戰、智略超群的步兵校尉沈慶之極力勸阻，因為前面幾次北伐都以失敗而告終。沈慶之明知敵強我弱，倉猝北伐，其結果必然是喪師辱國。想到此他不覺又氣又急大聲說：「治國譬如治家。陛下現在準備傾注全部國力，大舉北伐，如此重大的軍事行動，您卻不願聽取軍士將領的意見，反而對幾個在軍事上完全外行的白面書生的迂闊見解言聽計從。」這樣的話宋文帝根本沒放在心上，哈哈一笑了事。北伐開始還紛紛告捷，沈慶之的話似乎不靈驗了。

老謀深算的太武帝知己知彼，胸有成竹，根本不為劉宋軍隊的初期勝利攻勢所動，他要等到秋高馬肥之時，再率領部下，一顯飲馬長江，殺盡南朝的威風。

等到當年九月，北魏才開始部署反攻。十月太武帝親率大軍渡河。當年十二月，太武帝果然來到與劉宋首都建康隔江相望的大江北部渡口，飲馬長江。其實北朝的軍隊也沒有佔有絕對優勢，太武帝也只是隔江耀武揚威，並沒有強行南渡，再加上北朝軍隊不習慣南方的氣候與雨季，所以，太武帝於次年正月就收兵北返了。

太武帝此次反攻，採取了破壞政策，把劉宋江北的各州郡幾乎焚燒、搶掠一空。北國的結果為沈慶之不幸而言中，宋文帝固執己見，相信外行的錯誤，同時也結束了劉宋的小康年代，它的國力從此一蹶不振。

管仲輔佐齊桓公更張國政，發展生產。數年後，國中兵精糧足，百姓也知禮識儀。此時，齊桓公想立盟定伯，向管仲問計。

管仲獻計說：「當今諸侯強於齊國者不少，南有荊楚，西有秦晉，然而他們自逞其雄，不知道尊奉周王，所以不能成為霸主。如今周王室雖然已經衰微，但仍然是天下的主人。大王可以派遣使者去朝見周王，請天子旨意，大會諸侯。只要我們奉天子以會諸侯，內尊王室，外攘四夷，對於諸侯各國，扶持弱小國，壓制強橫之國，對那些昏亂不聽從號令者，統率諸侯討伐他，如果我們這樣做了，海內諸侯者知道我國的無私，必然共同朝服於我國。這樣，我們就可以不動兵車完成霸業。」

齊桓公覺得這一計謀既免除許多干戈，又可以使霸主地位變得名正言順，便採納了管仲的策略，先去周王室朝見天子，然後，於公元前六八四年，以周王之命佈告諸國，約定是年三月會於北杏。這是齊桓公首次大會諸侯。

臨行之前，管仲又向桓公建議說：「此番赴會，君奉王命，以臨諸侯，根本不必用兵車。」齊桓公依計而行，與此同時，宋、陳、邾，蔡四國國君到會，看見齊國沒有用兵車，都心悅誠服的嘆道：「齊桓公真正是以誠待人。」隨即各自將本國的兵車退駐於二十里之外。五國諸侯相見禮畢，訂立了盟約，共同扶傾濟弱，以匡周王室。並推薦齊侯為盟主。

此後，齊國又與魯、衛、鄭、曹會盟，使齊桓公威望佈於天下，德名遠播諸侯之中。

君臣第二

天與地的關係明確了，
君臣關係也就完備了

天下者，天下人的天下，不可視為自己的囊中之物。人才者，天下人之人才，而不可視為自己的人才；政教者，國家之政教，而不可視為自己的政教。

官員者，國家的官員，而不可視為自己的官員。理國家者，不難無人才，而難無公心；創大業者，不難無奇策，而難無公心。

〔原　文〕

君臣之政，其猶天地之象，天地之象明，則君臣之道具矣。君以施下為仁，臣以事上為義。二心不可以事君，疑政不可以授臣。上下好禮，則民易使，上下和順。則君臣之道具矣。君以禮使臣，臣以忠事君。君謀其政，臣謀其事，政者，正名也，事者，勸功也。君勸其政，臣勸其事，則功名之道俱立矣。是故君南面向陽，著其聲響，臣北面向陰，見其形景。聲響者，教令也；形景者，功效也。教令得中則功立，功立則萬物蒙其福。

是以三綱六紀有上中下。上者為君臣，中者為父子，下者為夫婦，各修其道，福祚至矣。君臣上下，以禮為本，父子上下，以恩為親，夫婦上下，以和為安。上不可以不正，下不可以不端。上枉下曲，上亂下逆。故君惟其政，臣惟其事，是以明君之政修，則忠臣之事舉。學者思明師，仁者思明君。故設官職之全，序爵祿之位，陳璇璣之政，建臺輔之佐，私不亂公，邪不干正，此治國之道具矣。

〔譯　文〕

一個國家之中，君臣之間的關係是非常重要的。君臣之間的關係好比天與地之間的關係，天與地的關係明確了，君臣之間的關係也就完備了。君主對臣下施以恩惠就是仁，臣下服侍君主就是義。臣下懷有二心就不能服侍君主，作為君主也不能因疑慮政事而不下放權力給大臣。君臣之間能以禮相待，人民就容易治理了；君臣之間和睦協調，君臣之間的關係就完備了。君主憑著禮儀役使臣民，臣民以忠心誠意服侍君主；君主策劃著國家的政策大計，臣民思考著完成自己的任務。所說的政就是正名，所說的事就是勸功。君主以正名而獎勵臣民，臣民以忠心於君主而得到獎勵。這就是君臣之間應該遵守而具備的功名之道。這樣的君臣關係確定了，君主坐北朝南為陽，提出各種法令、措施，聲音宏亮。大臣面北而立為陰，接受、執行君主發出的指示，證實君主提出各項措施之功效。君主發出的指示中，大臣們執行起來就會有功績，功績樹立了，萬事萬物都會受到恩澤，蒙賞幸福。

在三綱六紀之中，有上、中、下的區分。居上者是君臣，居中者是父子，居下者是夫婦。君臣、父子、夫婦各自遵守應有的倫理原則，國家的安寧、人民的幸福也就能實現。君臣之間，以禮為根本依據，父子之間，以恩情為重，夫婦之間以和為貴。身居上者不能行為不正，身居下者不能德行不端。上不正下則歪曲，上出現了混亂，在下面就會出現悖逆的事件。因此，君主考慮著國家大計、大事，大臣考慮著怎樣效忠君主。如此，英明的君主研究好了治國安邦的大計，大臣們應做到的事也就成功了。作學問的人願意求教於名師，希望做官的人就渴望聖明君主出現。因此國君設立齊全的官職，依次序排列爵祿之位，以璇璣考察、研究天象，設宰相輔助自己，使私不亂公，邪不壓正，合理的事物就不會受侵擾，這就是治國之道。

明君修政　忠臣事舉

孔子提出「君君、臣臣、父父、子子」的綱常。諸葛亮主張「君以施下為仁，臣以事上為義。二心不可以事君，疑政不可以授臣。」作為君臣關係的規範。

君主主管政策大計，發佈決策命令，對於臣下應充分信任，放手讓其理事，以禮相待，做到「疑人不用，用人不疑」。臣下則應忠於國家，忠實於君主，恪守信義，不懷二心，執行君主的政令，並要落到實處。使人民百姓安居樂業，社會秩序穩定，這樣，便能形成君主聖明、臣下賢良，上下團結一心，國泰民安的太平盛世。

治國猶如治身。修身的關鍵，在於養育精神，方可求得長壽；治國的關鍵，在於選拔賢能，方可長治久安。好花還要綠葉扶。作為最高領袖人物，無論自己多麼偉大不凡，沒有群臣的輔助，仍然是孤掌難鳴，也難以大展雄風，也難以顯出英雄氣概。所以，重視人才，選擇人才，發現人才，培養人才，乃是君主治國的首要工程，應看作國家圖強的根本大計。

唐玄宗登基時，面對的是一個破爛攤子，他一心中興，恢復大唐盛世。他先用姚崇為相。姚崇在接受任命前，針對當時的時弊，對玄宗提出了十項要求，這十項要求都是保證大臣施政的內容，對君王專政多有限制，玄宗卻全部接受，讓姚崇放手施政。

姚崇擔任宰相職務後，盡心竭力整頓好政務，選用賢能官史，罷黜奸佞小人。姚崇病重，特地推薦宋璟繼任相位。宋璟上任之後，特別注重法治，大力整飭綱紀，量能授官，並且減輕賦斂和刑罰。所以百姓富庶，天下太平。經過姚、宋治理，唐朝得以重現貞觀年間的盛世景象。

視聽第三

多聽多看，集思廣益

自古以來的領袖人物，莫不欲爲治理明君，卻往往至於昏亂，其因何在？弊端則在好疑而自用。

疑心一動，則視聽迷惑於外；視聽迷惑不清，則忠邪不分、是非錯亂。如此則舉國之臣皆可疑。

所以，重要之處在於捨己從人，正己正人。切忌「自縱爲聖」、「師臨天下」。

〔原　文〕

視聽之政，謂視微形，聽細聲。形微而不見，聲細而不聞，故明君視微之幾，聽細之大，以內和外，以外和內。故為政之道，務於多聞，是以聽察採納衆下之言，謀及庶士，則萬物當其目，衆音佐其耳。故經云：「聖人無常心，以百姓為心。」目為心視，口為心言，耳為心聽，身為心安。故身之有心，若國之有君，以內和外，萬物昭然。觀日月之形，不足以為明，聞雷霆之聲，不足以為聰，故人君以多見為智，多聞為神。夫五音不聞，無以別宮商，五色不見，無以別玄黃。蓋聞明君者常若晝夜，晝則公事行，夜則私事興。或有吁嗟之怨而不得聞，或有進善之忠而不得信。怨聲不聞，則枉者不得伸，進善不納，則忠者不得信，邪者容其奸。故書云：「天視自我民視，天聽自我民聽。」此之謂也。

〔譯文〕

君主治理國家時，應該視微形，聽細聲，多聽多看，集思廣益。視微形，就是指觀察隱蔽著的事物，發現事物隱患之處。聽細聲，就是指傾聽微小的意見。隱蔽著的事物難以發現，微小的意見也不容易被聽到。所以，賢明的君主應該在微小、不明顯的事物、事件的萌芽狀態中觀察出實質，在細微的呼吁聲中知道重大問題的程度，上下溝通、內外應和。因此，君主治理國家的關鍵原則是：必須多聞、傾聽、考核、視察，能採納群臣的意見，經常同臣民百姓共謀策略。將天下萬物作為君主的眼睛，將世間萬籟作為君主的耳朵。因此《經》書中說：「聖人無常心，以百姓的心為心。」就是說君主，聖明的人也沒有永遠不變的思想觀念，要把百姓的思想觀念作為自己的思想觀念。眼睛是心靈的窗戶，由眼睛可以了解人的內心世界。嘴巴是代替心說話，耳朵也是代替心聽取他人的聲音，人身上的各個器官都是心在的主宰下活動。所以國家有君主就好比一個人有了自己的心，內外協調一致，全國上下一片生機、光明。只看到日月耀眼的光芒不能算是眼明，只聽到雷霆怒吼的聲音也不能算是耳聰，所以，君主還要多看才算得上明智，多聽才算得上有神奇的本領。君主如果聽不到宮、商、角、徵、羽這五種聲音，則無法辨別它們之間的區分與聯繫，同理，如果不能辨別紅、青、黃、白、黑這五種顏色，也就無法辨別更複雜的顏色，也就不能區分天地萬物。聖明君主常常是不分白天、黑夜地為國家大事操勞，白天處理日常公務，晚上還要進行私訪。就是如此，還不能聽到百姓因哀怨而發出的嘆息之聲，還不會得到忠誠之士所提出的上好策略。如果聽不到百姓的哀怨之聲，就難以使受冤屈的人得到伸張，如果聽不到良好的建議，就會使忠誠之士得不到信任，奸邪勢力就會盛行，後果便不堪設想。所以《尚書》中說：「上天看到和聽到的都來自民間百姓，所以要重視來自百姓中的正確意見。」

視微形　聽細聲

眼睛是心靈的窗戶，通過眼睛可以了解人的內心世界。耳朵是為思想上聽取他人的心聲，古人云：「兼聽則明，偏聽則暗。」古書上也說過：上天看到與聽到的都源於世間百姓，所以要重視來自百姓中的正確意見。

「視微形，聽細聲」。作爲高層領導者來說，能體察還未顯露的細小苗頭，看出其事物的本質，發現隱患；能聽取小小的意見，從而發現重大問題，察微杜漸，把禍患解決在未發生之前的領導者，才能稱作英明人物。只能看到如同日月一樣暴露無遺之物，只能聽到如同雷聲一樣響亮呼聲的領袖人物，則如瞎子、聾子一般，這般人物治理天下，後果是可想而知的。

「私事興」歷代極爲重視，當今也極重要，領導者只有深入民群衆之中，作實地考察，了解他們的呼聲，聽取他們的意見，掌握第一手資料。這樣才能和人民群衆心意相通，切實爲人民辦好事情，才能深愛人民群衆的熱愛與擁護。

梁武帝蕭衍是以武力從劉宋手裡奪得政權的。如何使蕭家保住政權，傳諸後世，這些問題一直困擾著他。後來，他從兒子蕭統所讀的《孝經》中受到啟發，認為大家如果都能做到為人子者能盡孝，為人臣者能盡心盡忠，那樣長治久安就有望了，所以決定讓九歲兒子蕭統登壇講《孝經》，以此宣講以孝治國，以孝齊家道理。

九歲的蕭統做好了登壇講《孝經》的準備。這一天，前來聽講的大臣及其子弟達幾百人，黑壓壓坐滿了壽安殿的大廳。蕭統從容不迫，侃侃而談，時而引經據典，時而援引實例加以發揮，本來很枯燥的內容，經他妙語如珠般的講解，一下子變得很生動了。

蕭統尤其對國家一致、君父一體的見解，作了淋漓盡致的發揮。他一口氣講了兩個時辰方才盡興而止，聽眾都被深深地打動了。

納言第四

逆言難入耳，
忠言難入朝廷

作為領袖人物，拒絕大臣的逆耳忠言，而輕聽邪佞的諂媚之語，天下無不亂，領袖者無不昏。

領袖人物並非討厭忠臣而喜愛邪佞，並非討厭清明而喜好昏庸，也並非討厭大治而喜好大亂，乃好疑自用，而與臣下爭勝。如此，忠言難以入朝廷，逆言難以入耳。犯顏為取怨之階，直諫為求辱之媒。

〔原　文〕

納言之政，謂為諫諍，所以採衆下之謀也。故君有諫臣，父有諫子，當其不義則諍之，將順其美，匡救其惡。惡不可順，美不可逆；順惡逆美，其國必危。夫人君拒諫，則忠臣不敢進其謀，而邪臣專行其政，此為國之害也。故有道之國，危言危行；無道之國，危行言孫，上無所聞，下無所說。

故孔子不恥下問，周公不恥下賤，故行成名著，後世以為聖。是以屋漏在下，止之在上，上漏不止，下不可居矣。

〔譯　文〕

君主治理國家就應納言，納言的方法就是正確對待諫諍，也就是採納忠言，接納他人的良謀上策。所以，英明的君主身邊有敢於直諫的大臣，作為父親也要有直言不諱的兒女。發現國君有不合乎道義的言行時，便立即進行規勸，讓優秀的品行得到保持與發揚，使錯誤的言行得到糾正。凡是錯誤的言行是不能任其發展下去，凡是美好的東西也不能故意去詆毀，如果縱容惡人，貶謫忠良，國家就會厄運來臨。如果君主不肯接受臣下的諫諍，憂心國家的忠臣便不敢向君主說出自己的謀略，也難以展現自己的思想抱負，這樣就會使邪佞奸臣專權、橫行，這是國家的禍患。因此，國家治理得清明，就是對國家不利言行也可能直言說出。如果國家治理得混亂，對國家不利的言行就會以恭順的面孔出現，君主就很難了解到下層的實際情況，百姓們也就不敢向國君或官員說出真心話了。

孔子能向卑微的人請教，周公也不輕視百姓，所以他們都成就了一番大事業，被後代人尊稱為聖人。君主不肯納諫，而得到的後果，如同房子漏雨，原因在屋上，不翻蓋好屋上的漏洞，房子則無法居住。如果連君主在內的上層是漏洞百出，百姓的生活便會痛苦不堪。

善於納言　樂於聽取

讓人們敢說、肯說、願說，便是廣開言路的關鍵所在，善於納言，樂於聽取，也就是一個領導的作風問題。政治清明的國家，人民敢於直言，行爲正直。

良藥苦口利於病，忠言逆耳利於行。作為領導者，統帥著人民大眾，艱苦奮鬥，共同創業，不可專行獨斷，剛愎自用，遇事發動大家想辦法，大家共同去做。如此，領導者不能只是聽「好話」，更要聽取周圍人唱反調。反調不免刺耳，卻往往蘊含真理，蘊含著合理化建議，於人生有補，於事業有益。明白這點，就不會厭棄唱反調者，更不會給小鞋穿，而是予以保護、重視。

一名好的企業家，也如同政治家一樣，不唱獨角戲，善於聽取「智囊團」的意見，不因循守舊，把事業的前程拓得更寬大，推向更新的境界。

明太祖朱元璋年間，李善長被處死後的第二年，虞部郎中王國用給朱元璋上了這樣一個奏章說：「李善長當年與陛下同心同德，一起經歷了無數的艱難與困苦，幫助陛下取得天下，自己也成為功勛最重的大臣。作為一個臣子，他地位可以說是到達頂點了。如果說他自己想造反，進一步當皇帝，似乎還可以理解；現在人們揭發他，說他要支持胡惟庸，做他的輔臣這就令人很難以相信了。他支持胡惟庸即使成功，最多不過是一個最高功勛的人，官位也不過是太師、國公和王爵，甚至與皇家結親，怎會再比他那時得到的還多呢？況且憑他的見解和經歷，難道不知道天下不是那麼容易取得的嗎？他不可能去做這樣危險的嘗試。還有他的兒子已經成了陛下的骨肉至親，兩家之間沒有絲毫隔閡，他也不必這麼做。至於說什麼天上星象發生變化，一定要殺一個大臣來呼應災難，這更是無稽之談。當然，現在李善長已經死去，再去研究他已沒有什麼作用，我這番話只想提醒陛下，將來對這些問題，一定要慎之又慎！」

朱元璋看了王國用的這個奏章，思想上顯然有所醒悟。

察疑第五

石頭像玉　枯婁像瓜

凡是以順我者進，逆我者退；忠我者上，悖我者黜。則違道遠矣！惟以天地之心爲心，以日月之照爲照，才能達到高明之義。誠可以此存心則無私，以此盡心則無愧，以此用心則無期。以此平心則無偏。如果左右都是順旨之臣，所見的都是阿諛奉承之輩，要想通天下的實情，獲天下的實心，能做得到嗎？

〔原　文〕

察疑之政，謂察朱紫之色，別宮商之音。故紅紫亂朱色，淫聲疑正樂。亂生於遠，疑生於惑。物有異類，形有同色。白石如玉，愚者寶之，魚目似球，愚者取之；狐貉似犬，愚者蓄之；枯婁似瓜，愚者食之。故趙高指鹿為馬，秦王不以為疑；范蠡貢越美女，吳王不以為惑。

計疑無定事，事疑無成功。故聖人不可以意說為明，必信夫卜，占其吉凶。書曰：「三人占，必從二人之言。」而有大疑者，「謀及庶人」。故孔子云，明君之治，不患人之不己知，患不知人也；不患外不知內，惟患內不知外；不患下不知上，惟患上不知下；不患賤不知貴，惟患貴不知賤。故士為知己者死，女為悅己者容，馬為策己者馳，神為通己者明，故人君決獄行刑，患其不明。或無罪被辜，或有罪蒙恕，或強者專辭，或弱者侵犯，或直者被枉，或屈者不伸，或有信而見疑，或有忠而被害，此皆招天之逆氣，災暴之患，禍亂之變。惟明君治獄案刑，問其情辭，如不虛不匿，不枉不弊，觀其往來，察其進退，聽其聲響，瞻其看視。形懼聲哀，來疾去遲，還顧吁嗟，此怨結之情不得伸也。下瞻盜視，見怯退還，喘息卻聽，沉吟腹計，語言失度，來遲去速，不敢及顧，此罪人欲自免也。孔子曰：「視其所以，觀其所由，察其所安，人焉廋哉！」

〔譯文〕

君主在治理國家時，對有懷疑或不明確的問題要進行觀察、辨別、分析，好比識別紅色與紫色，辨別宮調與商調，能夠找到它們的本質。由於紫色與紅色容易混淆，不正常的聲音會干擾正常的聲音，所以產生混亂的原因很遙遠，懷疑產生的原因就是不明白。萬事萬物雖在品質上有所分別，然而在外形上、顏色上大概有相似之處。有的石頭像玉一樣白，愚笨的人卻視為珍寶；像珍珠一樣的魚眼，也被愚笨的人收藏起來；狐貉像狗，愚笨的人像養狗一樣地飼養著；枯婁像瓜，被愚笨的人像吃瓜一樣地食用。所以秦代趙高指鹿為馬，秦二世胡亥就沒有產生懷疑，也看不出其中的奸詐；范蠡向吳王夫差獻上美女。吳王也沒有對這種舉動產生懷疑。拿不定主意就難以決定事情，做事業沒有恆心就難得成功。因此，聖明的人並不把個人的想法作為決定策略的依據，往往相信占卜，對他人詢問吉凶、福禍。《書》上說：「三個人占卜，要聽從兩個人相同的猜測。」如果需要做出重大決策，「就要向平民百姓徵求意見」。孔子說，聰明的君主治理國家，不擔憂人們不了解自己，只擔擾自己不了解他人；不擔心其它國家不了解本國，只擔心自己不了解其它國家；不擔心臣屬不了解自己的意圖，只擔心自己不了解臣屬的思想；不擔心人民不了解貴族，只擔心貴族不了解人民。所以，壯士為知己者死，女子為欣賞自己的人而梳妝打扮，駿馬為鞭策自己的人飛奔，神明對與自己相通的人顯示。君主審理案件，處理案犯，最擔心的是自己不真正了解案情。有的人無罪受冤屈，有的人罪惡極大卻逍遙法外，有的人由於能力強而受忌妒，有的人是弱者卻受到侵害，有的人剛直不阿而被陷害，有的人受冤屈卻得不到伸張，有的人對國家是一片忠心卻受懷疑，有的人忠心耿耿卻受侵害。這些都與國家的氣數是背道而馳的，是社會動亂、災害的萌芽。所以明智的君主審理案情時，必得查問實情，不空泛、不躲避、不歪曲、不包庇，謹慎地審查事物的來龍去脈，隨時注意可能出現的各種情況，觀察人們的進退，傾聽人們的聲音，察看人們眼神注視的方向。有的人外表恐懼，說話的聲音非常悲哀，來的時候急急忙忙，走的時候卻遲疑不決，東張西望並不斷地哀聲嘆氣，這些就是怨情極深得不到伸張的原因。有的人眼神如同小偷，偷偷摸摸，遇事退卻，若是細緻地觀察，便會發現這樣的人總是在自言自語，自作打算，講起話來，結結巴巴，語無倫次，沒有規定，來得遲，走得急，怕過久地停留，這樣的人必定有罪而且想逃避罪過。因此，孔子說：「觀察一個人做事的準則，再觀察地做這件事的原因，審查他行事安排，就可以了解這個人的正邪。如此去觀察人，那樣的人怎麼還能隱藏得住呢？」

察朱紫之色　別宮商之音

世間事物，複雜紛紜，本質往往被現象掩蓋著，僞劣商品的眞相往往被名優產品的裝潢遮掩著。世間人心，往往深不可測，表裡不一，有的人看似古道熱腸，裡面卻滿肚子壞水。

孔子說：「看一個人行事的原則，觀察他做事的原由，審查他做事的安排，便能了解這個人的邪正。這樣去觀察人，怎麼能隱藏得住呢？」聰明人的處世，有明亮的眼睛，淸醒的頭腦，不受假象迷惑，由表及裡，透過現象看本質。如此，便可區分善惡、眞假。諸葛亮一生謹愼，從不敢輕信，很少受騙上當，往往借助於這種透過現象看本質的能耐。

察疑實際上包涵著一個識人問題，趙高指鹿為馬蒙蔽秦二世，范蠡獻越國美女迷惑吳王，這兩件事都導致亡國的嚴重後果，說明識人用人的問題至關重要。

朱棣是明朝開國皇帝朱元璋的第四子，建文四年，他打敗長兄之子建文帝朱允炆，奪得了帝位。楊榮以一種謀士的身份問他是先去拜謁父皇朱元璋之墓，還是先去朝廷金鑾殿宣告登基即位。朱棣也算得是一位頗富韜略而智慮精深的英主了。他領會了謀士楊榮所提問題的份量，立即率領他那些征塵滿面的將佐前往父皇墓前拜謁，待這一套表面文章做過之後，才去履行登位大典。這樣，朱棣先謁皇陵，後即帝位，他取代建文帝做朱明王朝的皇帝，從而減輕了輿論的譴責，朱棣從此更加賞識楊榮的機敏，自此對他就另眼看待了。

劉邦打敗項羽，建立西漢政權後不久，又傳來楚王韓信謀反的消息。劉邦大吃一驚，急忙召來幾員心腹大將，商討對策。幾員虎將異口同聲地說：「立刻發兵，征討那個小子！」

劉邦猶豫再三，拿不定主意，只好向謀士陳平請教。陳平問劉邦：「告發韓信謀反的事，別人知道嗎？」

劉邦道：「只有幾員武將知道。」說罷，將幾員大將的意見告訴給陳平。

陳平又問：「韓信知道有人告發他謀反嗎？」

劉邦道：「不知道。」

「如果是這樣，那就好辦了。」陳平說，「陛下的兵力與韓信相比如何？」

劉邦坦言道：「我比不過他。」

「那麼，陛下指揮打仗的才能與韓信相比又如何？」

石？」

陳平道：「既然兵力不及韓信，指揮作戰也不及韓信，冒險舉兵征討，豈不是以卵擊

「我不如他。」

劉邦焦躁地說：「但是，總不能束手無策，等著韓信造反啊！」

陳平道：「陛下不必著急，臣有一計令韓信防不勝防，陛下只需用一名力士即可將韓信擒來。」說完，輕輕向劉邦道出一條妙計，劉邦連連稱妙。

古時候，天子有離開京城，巡視各地，會盟諸侯的作法。陳平之計，就是讓劉邦效仿古代天子，離開京城，巡遊南方的雲夢湖。雲夢湖附近的陳地是韓信所居住的彭城的西界，陳平讓劉邦在陳地大會諸侯王，到那時，韓信出於禮節，不可能不去陳地迎候劉邦，劉邦便可乘機捉獲韓信。

劉邦按照陳平的計策，巡視天下，在陳地大會諸侯。韓信對劉邦本來有所戒備，但見劉帶兵不多，又是巡遊天下與諸侯王聚會，自己不去，反而會引起劉邦的警惕，於是到陳地迎候劉邦。劉邦乘韓信跪拜之際，命令一位力大無比的勇士將韓信打翻在地，捆綁起來，韓信這才後悔莫及。

劉邦將韓信帶回都城洛陽，念及韓信的功勞，將韓信降為淮陰侯，饒了韓信一死。但是，韓信後來又與陳豨相勾結，被劉邦的妻子呂后殺掉了。

治人第六

治國治人，猶如農夫育苗，牧民牧馬

以力服人，並非使人心服口服；以德服人，則使人心悅誠服。僅以立己之德還不夠，尚須行仁於天下，尚須愛人利人，濟人救人，這才是立人達人之道。

愛護人民的人，人民永遠熱愛他；尊敬他人的人，他人永遠尊敬他。

〔原　文〕

治人之道，謂道之風化，陳示所以也。故經云：「陳之以德義而民與行，示之以好惡而民知禁。」日月之明，衆下仰之，乾坤之廣，萬物順之。是以堯、舜之君，遠夷貢獻，桀、紂之君，諸夏背叛，非天移動其人，是乃上化使然也。故治人猶如養苗，先去其穢。故國之將興，而伐於國，國之將衰，而伐於山。明君之治，務知人之所患皂服之使，小國之臣。故曰，皂服無所不克，莫知其極，克食無民，而人有飢乏之變，則生亂逆。唯勸農業，無奪其時，唯薄賦斂，無盡民財。如此，富國安家，不亦宜乎？夫有國有家者，不患貧而患不安。

故唐、虞之政，利人相逢，用天之時，分地之利，以豫凶年，秋用餘糧，以給不足，天下通財，路不拾遺，民無去就。

故五霸之世，不足者奉於有餘。故今諜侯好利，利興民爭，災害並起，強弱相侵，躬耕者少，末作者多，民如浮雲，手足不安。經云：「不貴難得之貨，使民不為盜；不貴無用之物，使民心不亂。」各理其職，是以聖人之政治者。

古者齊景公之時，病民下奢侈，不遂禮制。周、秦之宜，去文就質，而勸民之有利也。夫作無用之器，聚無益之貨，金銀璧玉，珠璣翡翠，奇珍異寶，遠方所出，此非庶人之所用也。錦繡纂組，綺羅綾縠，玄黃衣帛，此非庶人之所服也。雕文刻鏤，伎作之巧，難成之功，妨害農事，輜軿出入，袍裘索澤，此非庶人之所飾也。宮室堂殿，重門畫獸，蕭牆數仞，冢墓過度，竭財高尚，此非庶人之所居也。經云：「庶人之所好者，唯躬耕勤苦，謹身節用，以養父母。」

制之以財，用之以禮，豐年不奢，凶年不儉，素有蓄積，以儲其後，此治人之道，不亦合於四時之氣乎？

〔譯　文〕

國君治理人民的方法是：用正確的道德規範引導人民，並向他們說明活動準則的範圍。《經》書中說：「向人民百姓灌輸仁義道德，他們就會把仁義道德貫徹在行動之中，向人民百姓說明善惡的區分，百姓就知道了應該禁絕的事情。」太陽、月亮有著耀眼的光芒，百姓對日月就有著無限的敬仰，天地廣闊無邊，萬事萬物都歸服於天地。所以出現了堯、舜這樣的聖明君主，遠近各方的百姓都來進獻禮物表示自己的臣服之心。然而夏桀、殷紂這樣的暴君，天下各路諸侯都背離了他們，這也不是上天意志造成結果，而是國君教化的後果。所以教化人民好比種植樹苗，先應該剪除歪枝叉苗，除去人的缺點。國家的興盛，就在於各地官員的治理得當，國家的衰敗，根源就在於人民百姓。聰明君主治天下，必然要清楚地了解最下等的奴隸階層，平民百姓，深知這個階層的破壞力最大，如果不根據這個前提出發，對他們苛政暴斂，百姓就會飢困貧乏，行為失常，禍端必生，直到犯上作亂。唯有獎勵農耕，不耽誤耕種節令，輕徭薄賦，少取百姓的資財。做到了這些，就會實現富國強兵，人民生活安定的局面。大到國家，小到家庭，無不憂慮貧困、擔心生活不安定。

所以唐堯、虞舜執政時，以揖讓而擁有天下，給予百姓最大的好處，盡最大限度利用天時、地利，以防備災荒之年，在秋收時儲備餘糧，賑濟不足，天下貨物暢通四方，百姓就做到了路不拾遺，社會風氣相當高尚，百姓沒有去留、進退的憂慮，更沒背叛的行為。

到了春秋五霸時代，要貧窮人家向富裕之戶供奉，所以現在的各個諸侯，追名奪利，天下紛爭，給社會造成了巨大災難，以強欺弱，真正從事農業生產的人越來越少，不勞而獲的人越來越多，百姓如同浮雲漂流四方，民心慌亂不定，生活動蕩不安。所以《經》書中說：「不抬高稀少之物的價格，使百姓不成為盜賊，不以對百姓無作用之物出現高價，這樣人心就不會大亂。」使各級部門都盡心盡職，這就是聖明君主的政治。

春秋戰國時代，齊景公在世的時候，社會風氣極為奢侈，不依從禮、法做事。周秦卻去煩瑣從簡便，崇尚樸實無華，獎勵百姓勤奮工作，做了對百姓有益之事。對於那些製作出來而無任何作用之物，聚斂沒有任何益處的財貨，例如金銀璧玉，珠寶翡翠等異寶奇珍，都是遠方而來的產品，不是百姓日常生活中所需之物；例如那些錦繡纂組、綺羅綾轂等彩色高檔服裝，也不是百姓日常所穿戴的衣物；再例如那些講究宅第，重門畫獸，蕭牆數仞，連墳地也要用豪華裝飾，用盡財力而求顯貴、闊氣，也不是百姓所能居住的地方。《經》書說：「平民百姓的愛好，應該是勤耕苦做，生活節儉，小心謹慎，以便於贍養自己的父母。」

君主治理人民，應以自身的才能為根據，使百姓通曉禮義，豐收年成不奢侈，災荒年成不慌亂，平常進行必要的儲備，預防將來可能發生不測之事，這樣教導管理百姓的道理，不正是符合四時的氣節嗎？

道之風化　陳示所以

引導人民向正確的方向發展，在人民之中樹立良好的道德規範，用禮義道德規範人的思想言行，教育人民知善辨惡，守禁制，講仁義道德，這就是諸葛亮提出的理想治人境界。

崇尚節儉是我國的傳統美德，當權執政者崇尚節儉尤為重要。在當今時代，我國處在大轉折時期，崇尚節儉，反對奢靡乃是重要一環。可是有些人往往忽視了這一點，愛好奢靡，必然導致利用公款大吃大喝，以權謀私，貪污受賄，從而出現腐敗的惡果。所以孔子說：「明智的君主治理國家，管理人民，不擔心人們不了解自己，而擔心自己不了解人們。」而那些貪婪腐敗者，不擔心人們了解自己，只擔心以權謀私，貪圖享樂得不夠。

農夫培植禾苗，欲使禾苗茁壯成長，必須把禾苗中的雜草除去；牧民牧馬，也要將馬群中的害馬除掉。為官者治國治人，如同農夫育苗，牧民養馬。要想統治好部下與百姓，首先教化他們，引導他們，根治他們，不使他們誤入歪門邪道，確不失為一種有效領導方法。

齊王派遣使者去問侯趙威后。趙威后還沒看使者帶來的國書，就詢問使者：「齊國年成不錯吧？老百姓也平安無事吧？齊王也沒疾病，身體安康吧？」使者聽了不是滋味，說：「臣奉王命出使貴國，您不先問大王，反而先問年成和百姓，瞧不起我大王嗎？」

威后解釋說：「你錯了。如果沒有好年成，顆粒無收，哪裡會有百姓？如果沒有百姓，還談什麼國君？所以我這樣問。哪有捨本問末的呢？」

接著，威后又進一步問道：「齊國有個處士叫鍾離子的，挺好吧？我聽說他好善樂施，窮人沒有衣服他給穿的，沒米下鍋他給飯吃，這是在幫助齊王供養百姓啊！為什麼他至今還沒有正當的職務？業陽子也好吧？他同情鰥寡，撫恤孤獨，賑濟貧困，補償不足，這是在幫助齊王撫育百姓啊！為什麼他現在還沒有正當職務？居住在北宮的女嬰子也好嗎？她摘下身上的玉飾，到老不肯嫁人，以便贍養自己年老的父母，這是在率領百姓孝敬父母啊！為什麼至今不能讓她朝見大王？二位賢士不得重用，一位孝女不能朝見大王，靠什麼在齊國做王而撫有萬民呢？于陵仲子還活著嗎？他這個人上不能做君王的好臣子，下不能管好自己的家業，中不能結交各國的諸侯，這是在引導百姓都變成無用的廢物啊！為什麼至今還不把他殺掉呢？」

舉措第七

重用品行端正的人，疏遠心懷鬼胎的人

取才宜廣，用才必慎。不廣則必有棄才的弊端，不慎則必有失人的弊端。國家所需求的人才，如魚需要水，鳥需要林，人需要氣，草木需要土；得到則生，失去則死。作爲領袖者，以取用賢才爲大事；作爲臣下以薦舉賢才爲大事。

〔原　文〕

舉措之政，謂舉直措諸枉也。夫治國猶於治身，治身之道，務在養神，治國之道，務在舉賢，是以養神求生，舉賢求安。故國之有輔，如屋之有柱，柱不可細，輔不可弱，柱細則害，輔弱則傾。故治國之道，舉直措諸枉，其國乃安。夫柱以直木為堅，輔以直士為賢，直木出於幽林，直士出於衆下。故人君選舉，必求隱處，或有懷寶迷邦，匹夫同位；或有高才卓絕，不見招求；或有忠賢孝弟，鄉里不舉；或有隱居以求其志，行義以達其道；或有忠直於君，朋黨相讒，堯舉逸人，湯招有莘，周公採賤，皆得其人，以致太平。故人君縣賞以待功，設位以待士，不曠庶官，辟四門以興治。務，玄纁以聘幽隱，天下歸心，而不仁者遠矣。夫所用者非所養，所養者非所用，貧陋為下，財色為上，讒邪得志，忠直遠放，玄纁不行，焉得賢輔哉？若夫國危不治，民不安居，此失賢之過也。夫失賢而不危，得賢而不安，未之有也。為人擇官者亂，為官擇人者治，是以聘賢求士，猶嫁娶之道也，未有自嫁之女，出財為婦。故女慕財聘而達其貞，士慕玄纁而達其名，以禮聘士，而其國乃寧矣。

〔譯　文〕

君王治理國家的舉措非常重要，其方法是：薦舉任用品行端正的人，疏遠、拋棄心懷鬼胎的人。治國的道理如同一個人的修身，修身的根本之點就是保持一個良好的精神狀態，治理國家的根本之點就是任用賢能。如此，以養神求得長壽，以舉薦賢能而求得國家安寧。國家有了賢能人士的輔助，就好比一所房子有了柱子做支架，柱子要粗壯，輔助國家的人才也不能軟弱，柱子細小，房子就有危險，輔助國家的人軟弱，國家就有傾覆的危險。由此可見，治理國家的道理，就是任用賢才、除去邪惡，國家由此而安寧。

作為房屋支柱，以圓直為最堅固，輔助國家的人也以敢於直言的人為最賢能，圓直的木材產生於深山老林，敢於直諫的人生存於平民之中。所以君王要想挑選到這樣的人才，必須到隱蔽的地方去。在那裡，有的人身懷絕技卻不被人賞識，如同匹夫；有的人才華橫溢，卻不被詔用；有的人集忠、賢、廉、孝於一身，卻不被鄉里舉薦；有的人就想以隱居生活而埋沒自己的志向，以合乎道德規範行為而表現自己的人生觀；還有的人樸實正直，在內心深處忠主之心堅定，但受私黨勢力小人的讒言陷害。

古代唐堯能舉薦隱居避世的人，商湯王也能招收任用眾多的人才，周公卻能直接採納地位低下人的建議，他們都能任用曠世奇才，國家被治理得太平強盛。因此，作為君主應該制定相應的獎賞制度對待建立功勛之人，設置相應的官位給有才學的人，廣開言路，積極向人民徵求治國良策，還必須用重金聘請高人隱士，使天下萬眾歸心，讓不仁不義的人遠離自己。

如果君王使用的人才都不是國家培養出來的治國良才，而國家培養的人材也不適合國家的需要，輕視地位卑下的人，崇尚財、色，使奸邪小人受寵愛，使忠信、直言的人被流放，不願用高官厚祿對待有才能的人，這樣的國君怎麼能得到賢士的輔助呢？如果國家處在危難之中卻得不到任何補救，百姓不能安居樂業，這都是失去賢士輔助所造成的惡果。從古到今，國家沒有賢士的輔助而沒有危難的，或是國家有賢士輔助卻處於危難之中的，這都是不可能存在的情況。君王在選拔人才時，僅依從自己的喜好安排官員，天下就會大亂，依照官位的要求而選擇人員的任用，天下就會大治。

由此可見，君王聘求賢士，同人們的嫁娶道理相同，沒有自己出財出禮而嫁出已為人妻的女子，所以女子欽慕男子的聘禮而恪守自己的貞操，有才能的人根據自己受到的待遇而表示自己建功立業的決心，用禮義招攬人才，國家就會安定。

養神求生　舉賢求安

「爲人擇官者亂，爲官擇人者治。」「親賢臣，遠小人。」重才者興，輕才者亡。歷史上大凡有作爲的國君，無不將賢才的選舉任用視作立國根基。

「海不辭水，故能成其大；山不辭土石，故能成其高。」作為高層領導人，欲成就大業，當然應具備海一般的胸懷，山一樣的氣魄，容載得下賢士良才。欲治國安邦，領袖人物必須招攬人才，而招攬人才並不是空口說白話，領袖人物首先要靠虛懷、竭誠。周公求賢若渴，禮遇良才，曾有「一沐三握發，一飯三吐哺。」的美談。曹操雖奸險，毒辣，對人才卻非常尊重，曾三次發「求賢令」廣招天下賢士，三令五申要「唯才是舉」。

諸葛亮認為：求取賢才，宜應不惜重禮，如同嫁女娶妻。中國的風俗是，抬頭嫁女，低頭娶媳婦。姑娘喜歡聘禮，並不是貪財圖利，而是以聘禮顯示自己的身價，賢士仁人喜愛重禮，並不是貪財求利，而是以重禮顯示自己的英名。

狄仁傑是一個理案治獄能手，也是一個直言敢諫的諍臣。

一次，武衛大將軍權善方因追趕一個罪犯而誤傷了太宗昭陵墓上的幾棵小松柏。高宗一怒之下要處以死刑。狄仁傑見高宗執意要殺權善方，也氣沖沖地說：「法律是你陛下制定的，我僅僅是替你保護法律而已。怎能因幾棵小樹，就要殺死一個將軍呢？」又果斷地對執法官說：「不能執行陛下的命令！」

狄仁傑就是要豁出這條命，也要秉公執法，救出權善方，維護法律的尊嚴！他不怕得罪高宗，將自己生死置之度外，繼續犯顏直諫：「人們都說改變君王的意志，自古以來都是很難的，我認為不完全是這樣。」他列舉了堯舜時代的幾個事例，都是臣子改變了帝王的做法。明主可以用道理來說服，忠臣不能用威嚴來屈服。

高宗聽到這些也改了口氣，狄仁傑更加增強了信心，進一步說：「陛下制定法律，懸掛在朝廷大堂之上。是徒刑，流放，還是死罪，都是有區別的。哪有不犯死罪就處死的呢？如果法律可以隨便改變的話，那麼，老百姓連將手足放在哪裡也不知道了。我之所以不敢殺權善方，是害怕您落個無道的名聲。」

高宗完全被狄仁傑說服了，改口讚揚狄仁傑說：「愛卿能嚴格執法，我就有了好法官。」隨即叫史官將這件事編入史冊。

當初，晉文公回國，就注意對百姓進行教化和訓練。兩年後，他便想動用國力進行稱霸征戰。大臣子犯對文公說，要動用百姓，必須使他們安居樂業，使他們信賴君主，不必使他們熟知禮儀。於是，公元前六三三年，晉文公在被廬舉行了一次大規模的軍事演習。

在軍事演習的時候，文公要求服兵役的國人都要參加。自西周以來，民事組織與軍事編制大體上一致，國中的居民編制是五家為比、五比為閭、五閭為族、五族為黨、五黨為州、五州為鄉。晉國以往是以鄉為單位征調兵員，晉惠公晚年已將「鄉兵」軍制改為「州兵」軍制，讓州一級也承擔軍賦任務，使兵員充足起來。但是，文公之前的晉國兵力分為上下兩軍，這次，他借軍事演習的機會，重新對晉國兵力編隊，把原來的上下兩軍擴大為上、中、下三軍，增強軍事力量。

在建立三軍的同時，晉文公還推出了一套軍政合一的制度。他在上中下三軍中，決定統率中軍的人對三軍有指揮權，稱其為中軍元帥。

這是我國歷史上最早的元帥之稱。元帥是五卿，即是國家行政方面的最高長官。這樣，軍事政事合於一人，便於統一領導、統一指揮。

在物色三軍統領的過程中，晉文公又實行了「尚賢使能」的政策，擇賢而使。在決定中軍元帥人選時，趙衰推舉郤谷，得到了文公贊同，文公還命郤谷的族人郤溱為副元帥。當文公任命狐偃為上軍統帥時，狐偃卻推舉狐毛，自己作狐毛的副手，趙衰本來可以作下軍統帥，可是他將這一位置讓給了欒枝，又推薦先軫為下軍副帥。在確定三軍統帥過程中，趙衰、狐偃主動讓出重要的職位，推薦有真才實能的人，在那個時代確是難能可貴，同時也表明晉國用人政策的開明；而晉文公擇賢而使，更表現出圖霸者的雄才大略。

經過晉文公在軍事上的整治和改革，晉國軍隊從此成為當時最強的軍隊，為晉文公稱霸奠定了堅實的基礎。

考黜第八

內心明達，
可鑒日月

人的才能，自古難有全才，如果有所長，必有所短。取長補短，天下沒有不用之才；責短棄長，天下沒有不棄之士。如果採取獵狗追野兔的精神態度去尋找每個幹部的特長，則才不可勝用。

〔原　文〕

考黜之政，謂遷善黜惡。明主在上，心昭於天，察知善惡，廣及四海，不敢遺小國之臣，下及庶人，進用賢良，退去貪懦，明良上下，企及國理，衆賢雨集，此所以勸善黜惡，陳之休咎。故考黜之政，務知人之所苦。

其苦有五。或有小吏因公為私，乘權作奸，左手執戈，右手治生，內侵於官，外採於民，此所苦一也；或有過重罰輕，法令不均，無罪被辜，以致滅身，或有重罪得寬，扶強抑弱，加以嚴刑，枉責其情，此所苦二也；或有縱罪惡之吏，害告訴之人，斷絕語辭，蔽藏其情，掠劫亡命，其枉不常，此所苦三也；或有長吏數易守宰，兼佐為政，阿私所親，枉克所恨，逼切為行，偏頗不承法制，更因賦斂，傍課採利，送故待新，夤緣征發，詐偽儲備，以成家產，此所苦四也；或有縣官慕功，賞罰之際，利人之事，買賣之費，多所裁量，專其價數，民失其職，此所苦五也。

凡此五事，民之五害，有如此者，不可不黜，無此五者，不可不遷。故書云：「三載考績，黜陟幽明」。

〔譯　文〕

君主治理國家、考核官員的方法是：有良好治理政績的人就得晉級，表現惡劣、治理差勁的人就要免除。清明的君主，內心明達，可鑒日月，能夠準確地察辨是非，使自己的治理方法通達全國各地，不疏漏小地方的官員，甚至普通的平民百姓也被列入自己的考核範圍。選拔賢能善良的官員，對貪得無厭、膽怯無能的官員撤職查辦，使國家上下有條不紊，讓天下賢人志士都輔助國家的治理，使世間所有的賢良人士紛紛而來，這就是群策群力、勸善除惡、消去隱患的道理。所以君主考核百官，首先要了解官員的各種好壞行為，如果他們的行為惡劣，會直接造成百姓的疾苦。

總結他們鄙劣的行為，一般可分為五類：一、小的官員貪污腐敗，以公濟私，借用手中的權職大膽妄為，他們直接統治著百姓，卻對上蒙騙，對下欺壓；二、官員在執行過程中，對罪大惡極的人施以輕刑，法令不明，使無辜的人受冤屈，甚至喪失生命，或是對犯重罪的人從輕判決，恃強欺弱，枉施嚴刑、歪曲案情；三、縱容罪惡官員，對冤情隱匿不追查，並從中作手腳銷毀證據，使蒙受冤屈的人永遠不能昭雪；四、官官相護，結黨營私，執法犯法，利用替國家徵收稅賦的機會巧設名目，刮取民脂民膏，又經常利用各種機會在政治上鑽營奔竟，攀援大戶，在經濟上把屬於國家或百姓的財產納入自己的腰包；五、官員貪功圖利，以賞罰為藉口加入各種私情，虛報數額、爭奪民利，使百姓無法生存。

具備了這五種劣跡的官員是國家的大害，所以，對這樣的官員不得不依法治罪，對沒有這五條務劣跡的官員，不得不提拔。所以《書》中說：「考核官員要利用三年時間，對官員三年的行為進行綜合考評，辭退或是查辦沒有任何政績並給百姓造成災難的官員，對於成績優良，政績突出的官員要予以獎勵。」

心昭於天　察知善惡

諸葛亮首先提出了普遍考核制度，並根據其政績決定晉升、貶降或罷免。建立一支高效能的幹部隊伍。以人民的利益做為考核官員的標準，懲治各種為害百姓的貪官污吏。這一些特別可貴，也特別重要。

並把官員的粗劣行，總結為五類：

一、小吏假公濟私，貪污腐敗，以權職撈錢財。對內侵佔公物，在外搜刮民財。

二、執法不能一視同仁，使無辜者受冤，重罪者逍遙法外，恃強凌弱，不斷製造冤假錯案。

三、幹部放縱犯罪部下，誣陷上訴的百姓，隱匿真情，敲詐勒索，軟硬兼施，草菅人命，使冤情得不到昭雪。

四、官官相護，結黨營私，利用收稅賦的機會另立名目，攀附權貴，勞民傷財。

五、以官職作交易，謀求私利，以賞賜為藉口，虛報數額，與民爭利，致使百姓無法生活。

對於犯有這五條者，嚴懲不貸。對於廉潔奉公的官員不斷提升。

吳起仕魏國二十七年，屢有建樹，他「滅中山」、「鎮西河」，使「秦不敢東鄉，韓、趙賓從」。有一次，他居然以五萬魏軍，把秦國幾十萬大軍打得落花流水。後來，他被迫離魏赴楚，受到楚悼王的重用，主持變法，充分展示了他的政治才能。

吳起剛到楚國時，被任命為宛太地守，一年後便當上了令尹，執掌軍政大權，開始推行自己的主張。他向楚悼王建議說：「楚國地方大，軍隊人數多，理應比其他國家強大，而今沒能如此，主要是大臣的權勢太重，受封食祿的貴族太多。他們對上威逼君主，對下虐待士民，這種制度不改革是不行的。」

楚悼王還是排除眾議十分支持他實行變法。這些措施僅實行一年，就使楚國政治上面貌一新，經濟上實力雄厚，軍事上威震天下。「西伐秦，南平百越，北吞陳蔡」，擊退魏、趙、韓的襲擾，各諸侯國無不懼怕。

治軍第九

拯救國家的大危難，
維護國家的利益與尊嚴

文治武功，歷來是治國安邦的兩大支柱。

治軍以武爲大計，治國則以文爲主，治軍不得不從內部著手。

國家以軍隊做爲自衛的輔佐手段，如果軍隊強大，國家則安全，反之，國家就會有危險。

治軍的關鍵在領導部隊的指揮官選拔得當，能力低下的指揮官難以治理好軍隊。

〔原　文〕

治軍之政，謂治邊境之事，匡救大亂之道，以威武為政，誅暴討逆，所以存國家安社稷之計。是以有文事必有武備，故含血之蠹，必有爪牙之用，喜則共戲，怒則相害，人無爪牙，故設兵革之器，以自輔衛。故國以軍為輔，君以臣為佐，輔強則國安，輔弱則國危，在於所任之將也。非民之將，非國之輔，非軍之主。故治國以文為政，治軍以武為計；治國不可以不從外，治軍不可以不從內。內謂諸夏，外謂戎狄。戎狄之人，難以理化，易以威服，禮有所任，威有所施。是以黃帝戰於涿鹿之野，唐堯戰於丹浦之水，舜伐有苗，禹討有扈，自五帝三王至聖之主，德化如斯，尚加之以威武，故兵者凶器，不得已而用之。夫用兵之道，先定其謀，然後乃施其事。審天地之道，察衆人之心，習兵革之器，明賞罰之理，觀敵衆之謀，視道路之險，別安危之處，占主客之情，知進退之宜，順機會之時，設守禦之備，強征伐之勢，揚士卒之能，圖成敗之計，慮生死之事，然後乃可出軍任將，張禽敵之勢，此為軍之大略也。夫戰者，人之司命，國之利器，先定其計，然後乃行，其令若漂水暴流，其獲若鷹隼之擊物，靜若弓弩之張，動如機關之發，所向者破，而敵自滅。將無思慮，士無氣勢，不齊其心，而專其謀，雖有百萬之衆，而敵不懼矣。非仇不怨，非亂不戰。工非魯班之目，無以見其工巧，戰非孫武之謀，無以出其計遠。夫計謀欲密，攻敵欲疾，獲若鷹擊，戰如河決，則兵未勞而敵自散，此用兵之勢也。故善戰者不怒，善勝者不懼。是以智者先勝而後求戰，暗者先戰而後求勝；勝者隨道而修途，敗者斜行而失路，此順逆之計也。將服其威、士專其力，勢不虛動，運如圓石，從高墜下，所向者碎，不可救止，是以無敵於前，無敵於後，此用兵之勢也。故軍以奇計為謀，以絕智為主，能柔能剛，能弱能強，能存能亡，疾如風雨，舒如江海，不動如泰山，難測如陰陽，無窮如地，充實如天，不竭如江河，終始如三光，生死如四時，衰旺如五行，奇正相生，而不可窮。故軍以糧食為本，兵以奇正為始，器械為用，委積為備。故國困於貴買，貧於遠輸，攻不可再，戰不可三，量力而用，用多則費。罷去無益，則國可寧也，罷去無能，則國可利也。夫善攻者敵不知其所守，善守者敵不知其所攻。故善攻者不以兵革，善守者不以城郭。是以高城深池，不足以為固，堅甲銳兵，不足以為強。敵欲固守，攻其無備；敵欲興陣，出其不意；我往敵來，謹設所居；我起敵止，攻其左右；量其合敵，先擊其實。不知守地，不知戰日，可備者眾，則專備者寡。以慮相備，強弱相攻，勇怯相助，前後相赴，左右相趨，如常山之蛇，首尾俱到，此救兵之道也。故勝者全威，謀之於身，知地形勢，不可豫言。議之知其得失，詐之知其安危，計之知其多寡，形之知其生死，慮之知其苦樂，謀之知其善備，故兵從生擊死，避實擊虛，山陵之戰，不仰其高，水上之戰，不逆其流，草上之戰，不涉其深，平地之戰，不逆其虛，道上之戰，不逆其孤；此五者，兵之利，地之所助也。夫軍成於用勢，敗於謀漏，飢於遠輸，渴於躬井，勞於煩擾，佚於安靜，疑於不戰，惑於見利，退於刑罰，進於賞賜，弱於見逼，強於用勢，困於見圍，懼於先至，驚於夜呼，亂於暗昧，迷於失道，窮於絕地，失於暴卒，得於豫計。故立旌旗以視其目，擊金鼓以鳴其耳，設斧鉞以齊其心，陳教令以同其道，興賞賜以勸其功，行誅伐以防其偽。晝戰不相聞，旌旗為之舉，夜戰不相見，火鼓為之起，教令有不從，斧鉞為之使。不知九地之便，則不知九變之道。天之陰陽，地之形名，人之腹心，知此三者，獲取其功，知其士乃知其敵，不知其士，則不知其敵，不知其敵，每戰必殆，故軍之所擊，必先知其左右士卒之心。五間之道，軍之所親，將之所厚，非聖智不能用，非仁賢不能使。五間得其情，則民可用，國可長保。故兵求生則備，不得已則鬥，靜以理安，動以理威，無恃敵之不至，恃吾之不可擊。以近待遠，以逸待勞，以飽待飢，以實待虛，以生待死，以衆待寡，以旺待衰，以伏待來。整整之旌，堂堂之鼓，當順其前，而覆其後，固其險阻，而營其表，委之以利，柔之以害，此治軍之道全矣。

〔譯文〕

國君治理軍隊的目的是為了固守邊陲，鞏固國防，拯救國家的大危難，維護國家的利益與尊嚴。平定暴亂，這是為了永保社稷、安定江山的辦法。因此，國家除了應有的日常活動之外，還要進行軍事建設。那些弱小動物都有爪牙，它們在高興的時候共同嬉耍，發怒時利用爪牙相互攻擊。人沒有鋒利的爪牙可以相互搏擊，所以想法製造兵器，用來自我防衛。所以國家以軍隊作為自衛的輔助手段，君主以群臣作為幕僚，如果作為輔佐國家的軍隊和臣屬勢力強大，國家便安全，反之，國家就有危難，關鍵在於領導軍隊的將帥是否選用得當。

才能低微的將領，不能統領百姓，不能考慮國家的利益，不能當國家的輔佐，更不能主持軍事政務。因此，治國以文為主，治軍以武為大計，治國不能從外部下手，治軍不能從內部下手。所說的內部就是指華夏各個諸侯國，所說的外部就是指外夷各個少數民族。戎狄等各民族，性格強蠻，難以馴化使他們歸服，只有用威武之勢使他們歸順。

禮義有實用之處，威武也有施加之地，所以黃帝與蚩尤在涿鹿大戰，堯帝與三苗在丹浦大戰，舜帝征討有苗族，大禹討伐有扈族，像三皇五帝這類的聖君明主，以德教化人，也還要用武力，所以軍隊這個凶器，是不得已才使用。

用兵的方法，首先要制定策略，然後實施行動。用兵的時候，要考察天時、地利，研究調查人心歸向，並不斷地進行軍事、技術訓練，讓戰士熟練各種武器，明確罰賞的條例，鼓勵部隊英勇作戰，觀察敵人的戰略戰術，偵察路途的平坦還是險要，時刻掌握敵人的動向，區分安全、危險的可能情況，將敵我力量進行比較，了解進退的有利時機，充分部署，認真防備，加強進攻的力量與聲勢，盡力發揮戰士的積極作用，充分估計成功與失敗的可能性，認真考慮可能出現的傷亡，做好了這些準備，就能夠率軍出征，展開進攻的優勢，這就是用兵的大概情況。

主將是三軍的統帥，是國家社稷的保障。在軍事行動時，應進行充分準備，而後才能出師作戰。將帥發佈命令應如同洪水暴發一般，有雷霆萬鈞之勢，在發起衝擊時應像鷹鷂追捕獵物一樣凶猛迅速，安靜時像弓弩蓄機待發，行動時如同射出的利箭，使敵人無力招架，徹底失敗。如果將帥沒有周密的思考，士兵就沒有強大的威勢，上下人心不齊，只是憑藉個人的計謀行事，即使統帥著百萬大軍，敵人也不會產生畏懼。

不是敵人就不必去怨恨，去爭鬥。工匠沒有魯班那樣的眼光，就無法做出精巧的器具。將帥沒有孫武那樣的謀略，也就無法對戰爭部署好謀略。在作戰的時候，作戰計劃越機密，殲敵就越迅速，捕俘時要像獵鷹出擊一樣，作戰時要像大河決堤一樣，使部隊沒有消耗過多的精力，敵人就自然地打敗了，這就是用兵的威勢。

所以善於指揮戰鬥的人，即使遇上了困難也不氣餒；善於在戰鬥中尋找克制敵人時機的人，即便遇上了強大敵人也不會害怕。明智的人事先有勝利把握然後才出兵作戰，平庸之人則是首先作戰然後再妄想在戰鬥中求勝。善於克敵制勝的人是順著進軍路線進行修補，經常吃敗仗的人總是為了尋求捷徑而失去了前進的方向，這就是成功者與失敗者的根本區別。

用兵之勢還在於：將帥應具有一定的威嚴，部屬人員應盡量發揮自己的力量，向敵人發起攻擊時，不隨便改變進攻的力量，要如同圓圓的大石頭從高空墜落一樣有威勢，所向披靡，使敵人失敗，沒有挽救的時機，使自己前後無敵人，能取到徹底勝利。所以將帥率領軍隊應以出人意料之外的計劃作為謀略，應具有絕妙、高超的智慧，剛柔並濟，能強能弱，能屈能伸，發動的攻勢如同暴風驟雨一般迅猛。統領三軍還要像平靜的江海一般悠然自得，列起的陣勢像泰山一樣穩固，行動要秘密，使敵人對我軍的計謀無法測度。調動兵力時，要使兵力像天地一樣廣泛、充實，像江河一樣無窮無盡，像日、月、星辰一樣有始有終，像春夏秋冬四季一樣有規律，犧牲得當，衰盛得體。在戰法上，襲擊戰與常規戰相互配合，變化無窮。用兵時還要以糧食為本，要有充足的糧餉，作戰時以奇襲戰與常規戰相配合的戰術向敵軍發動攻擊，要使用適合於作戰的兵器，還要有充足的後援準備。

國家的經濟條件因為物價上漲而國力貧乏，因為長途運輸而糧餉貧困。所以在戰爭中，不能一而再、再而三地連續作戰，以免士氣低沉，適宜量力而行，不可無故地耗費人力、物力、財力。減免沒有任何利益的行動，國家便能安定下來，避免不必要的損耗，國家就會得到很多益處。

善於進攻的人使敵人無法防守，善於防守的人能使敵人不知從何處進攻。所以，善於進攻的人並不完全依賴兵器，善於防守的人也不完全依賴於各種防禦工事。儘管敵人城牆高大，護城河深寬，也不可以為是牢不可破，敵軍有堅固的鎧甲，鋒利的兵器，也不能以為是強大而不可戰勝。當敵軍想要固守時，必須進攻敵軍沒有設防的地方；當我軍撤退，敵人進攻時，要謹慎地選取可以停留的地帶；當我方要進攻敵人陣地時，要選取敵軍力量薄弱地帶作為攻擊目標。兩軍列陣交戰，要選取敵軍關鍵部位發動攻擊，如果暫時不了解自己所能夠憑藉的地形時，要多設計幾套作戰方案，不能只作一種形式的戰鬥準備。用周密的思考，強弱搭配，勇敢膽怯協助，前後相互跟隨，左右同行，就像常山中的蛇，首尾呼應，這就是救兵之法。

想克敵制勝的將帥應具有自身的威嚴，有相應的計謀，了解作戰形勢，對各種情況預先有充分準備。應分析戰局，比較敵我的優勢與劣勢，誘惑敵人出擊以便觀察他們的兵力部署情況，結合各種情報，判定敵人兵員的多少，採取行動之前要了解敵人戰鬥力強弱的情況。作戰時應佔領有利地形，避實擊虛。在山岳丘陵地帶作戰，不能從低處向高處進攻；在水上作戰，不能逆水向上游進攻；在草地作戰，不能向草叢茂盛的地方深入；在平原地帶作戰，不要向有村莊的地方進攻；在道路上作戰，不能把部隊拉開，以防陷進孤軍深入作戰的境地。這五點就是利用銳利兵器，佔據有利地形以便奪取勝利的原則。

在戰鬥中，能乘勝追擊敵人就會獲勝，洩露了軍事機密就要失敗。遠途出征、長途運輸，就會使部隊受飢餓，缺少水源就會使部隊受乾渴之苦，意義不大的行動就會耗費戰士的精力，過於平穩安靜就會使部隊喪失警惕，戰爭突然停止就會使人生出懷疑，貪圖小利就會使人產生困惑，刑罰過度就會使人消極，獎賞適當就會使戰士深受鼓舞，受到對方逼迫就會膽小，乘勝追擊就會佔據優勢，被敵人包圍就會產生動搖，先頭部隊容易產生恐懼心理，夜間亂呼亂叫容易產生混亂，黑夜行軍會混亂秩序，迷失了方向會影響整個戰局，處在困境中會受到敵人追擊，受到敵人的突然襲擊就會失敗，預先制訂好作戰方案就能獲勝。所以設置旌旗以便吸引部隊的注意力，敲擊金鼓以便吸引部隊的聽力，以刑罰統一管理部隊，公佈軍令使全軍上下團結一致，以獎賞鼓勵戰士立功，用誅殺防止士兵叛國投敵。白天作戰不容易傳命令，所以用旗幟指揮作戰，夜間作戰難以分辨方向，所以用火把與鼓聲指揮作戰，兵員不服從法令，就要受到刑罰懲治。不了解九種戰場上的地形便利條件，也就不了解其中的變化規律。

天時、地利、人和，是求取作戰勝利必須了解的三大問題。了解自己的部隊也就會了解敵人，不了解自己的部隊也就難以了解敵方，在不了解敵人的情況下去作戰注定是要失敗的。所以說用兵作戰，首先要了解自己的部隊，偵察敵情與反間諜的方法，通常受到將帥們的喜愛，是軍事行動中必須具備的手段。然而這種方法在運用時，不是聰明的將帥是不能使用的，不是仁義、賢良的將帥也不能使用。以這種方法了解到的敵情之後，民心可利用，國家的安全就有了保障。所以要想使軍隊在戰爭中獲勝，就必須在平常做好準備，不到萬不得已不求決一死戰。平靜中求穩妥，戰鬥中就有威勢，不立足於敵人臨陣不應戰，立足於自己不可戰勝。戰鬥中，要以近待遠，以逸待勞，以飽待饑，以實待虛，以生待死，以眾待寡，以盛待衰，以伏待來，盡量使自己佔據有利條件。揮動旗幟，要井然有序，敲響戰鼓，要有宏大的氣勢，表面上讓敵人認為是要正面作戰，實際上是要擾亂敵人的後方。要想固守險要地形，而表面上要裝出毫不在意的樣子，要以小的利益誘使敵人上當，實際上是要狠狠地打擊敵人，這樣，用兵的理論就齊備了。

奇計奇謀　變化多端

工匠如果沒有魯班那樣的眼力，則無法看出工藝品的奇巧，打仗的將領沒有孫武那樣的智謀，就不能生出高超奇妙的計策。計謀要周密，攻敵要迅猛。施用奇計奇謀，能使我有妙計而不可窺測，我有大智而不能窮其理，方爲奇計奇謀。

奇計奇謀，貴在變化多端，神秘莫測，使敵人如墜五里雲霧，辨不清方向，摸不著頭緒。孫武將這類奇計妙方稱之爲「詭道」。所謂「詭道」雖是以詐爲根基，並不是簡單的哄騙欺蒙，而要知己知彼，摸透對方的心理。高超的詭詐之術，乃是高超的用疑藝術，高超的心理戰術。

明朝永樂年間，倭寇猖獗，明成祖朱棣任命劉江為遼東總兵、都督，對倭寇採取了毫不留情的嚴懲手段。公元一四一九年，劉江到各哨所巡視，來到望海堝（今遼寧金縣東北）前沿。望海堝地處遼東半島的頂端，是倭寇入侵的必經之地。當天夜晚，守衛城堡的士兵向劉江報告：「東南海面發現燈光。」劉江憑藉與倭寇拼殺十餘年的經驗判斷倭寇將要到來，立即緊急動員，增派步兵、騎兵，加強城堡的防禦。

第二天，果然有兩千多倭寇乘船進至望海堝。劉江設下埋伏，又派精兵截斷倭寇的歸路，待倭寇進入伏擊圈，突然發起攻擊，倭寇被打了個措手不及，慌忙逃入望海堝下的櫻桃園空堡。明軍隨後趕到，把倭寇圍住。劉江考慮到倭寇乃是亡命之徒，進堡剿殺，倭寇必將拼死抵抗，雖能取勝，但己方也會遭到重大傷亡，於是網開一面，在堡西留了一個缺口，誘使倭寇從缺口逃生。

倭寇見自己落入明軍陷阱，一個個劍拔弩張，志在一死，忽然發現堡西尚有一條小路可以逃脫，頓時喜笑顏開，人人心存僥倖。倭寇離開櫻桃園空堡，沿著崎嶇的小路向海邊疾行，劉江見機不可失，命令伏兵居高臨下發起衝鋒。倭寇攻不能進，退無險可守，在明軍的沉重打擊下，只好棄刀扔槍，舉手投降。兩千多倭寇死的死，傷的傷，降的降，無一漏網。

望海堝之戰是明初防倭戰鬥中最成功的一次圍殲戰，此後，倭寇談望海堝而色變。

商場如戰場。商場上少不了經濟談判，想征服對手，求得談判主動權，不妨借用軍事上的緩兵之計，疑兵之計，調虎離山之計等等。

在談判中故意先談題外的問題，大擺龍門陣，或者故意東扯西拉，答非所問，或者有意披露有關資料，把對方引入岐途，或者虛張聲勢，或者故作驚人之語……這樣神秘兮兮，迷離不定，使對方不明真相，糊里糊塗進入你的「圈套」。

賞罰第十

不偏愛，不庇護，
治國之道就會平坦寬廣，
天下就會太平

施賞先卑下疏遠之人而後貴族親近之人，則功無遺漏；行罰先貴族親近而後卑下疏遠，則令有不犯。

小怨不赦，大怨必生，念舊怨而棄新功者凶。

只須有勞，雖仇必賞；只須有功，雖怨必用。

〔原文〕

賞罰之政，謂賞善罰惡也。賞以興功，罰以禁奸，賞不可不平，罰不可不均。賞賜知其所施，則勇士知其所死；刑罰知其所加，則邪惡知其所畏。故賞不可虛施，罰不可妄加，賞虛施則勞臣怨，罰妄加則直士恨，是以羊羹有不均之害，楚王有信讒之敗。夫將專持生殺之威，必生可殺，必殺可生，忿怒不詳，賞罰不明，教令不常，以私為公，以國之五危也。

賞罰不明，教令有不從。必殺可生，衆奸不禁；必生可殺，士卒散亡；忿怒不詳，威武不行；賞罰不明，下不勸功；政教不當，法令不從；以私為公，人有二心。故衆奸不禁，則不可久，士卒散亡，其衆必寡；威武不行，見敵不起；下不勸功，上無強輔；法令不從，事亂不理；人有二心，其國危殆。故防奸以政，救奢以儉，忠直可使理獄，廉平可使賞罰。賞罰不曲，則人死服。路有飢人，廄有肥馬，可謂亡人而自存，薄人而自厚。故人君先募而後賞，先令而後誅，則人親附，畏而愛之，不令而行。賞罰不正，則忠臣死於非罪，而邪臣起於非功。賞賜不避怨仇，則齊桓得管仲之力；誅罰不避親疏，則周公有殺弟之名。書云：「無偏無黨，王道蕩蕩，無黨無偏，王道平平。」此之謂也。

〔譯　文〕

君主治理國家時，應該做到賞罰適度，賞善罰惡。獎賞的目的在於鼓勵人們再立新功，為國家效力。懲罰的目的就是要警誡臣民不能做壞事，以便杜絕各種違法亂紀的事件發生。所以賞賜的原則應該是公平的，懲罰的標準不能不相同。當臣下與百姓都清楚地了解到君主賞賜的原因時，也就明白死的價值，有了行動的準則。當臣下與百姓都知道了君主懲罰的施行範圍，也就能抑制自己的行為，杜絕邪惡。所以在獎賞懲罰的問題中，獎賞的對象不能沒有戰功政績的人；懲罰的原則是不能冤枉好人，更不能亂施濫用。虛設賞賜就會使有功績的人心生怨恨，濫施懲罰就會使賢人志士心懷不滿。所以《戰國策》中有這樣的記載：有一位國君在賞賜天下名人奇士時，因分配不均，由一杯羊湯而失去了自己的國家，楚王因聽信奸人的讒言，賞罰不當而使自己的國家滅亡。在賞罰之中，將帥對部下操持著生殺大權，如亂用，使好人蒙冤而死，壞人受到包庇縱容，免受懲罰。喜怒無常，亂發脾氣，賞罰不公，沒有制定制度做依據，假公濟私，這些都是危害國家的五種禍患。

作為統治者，如果賞罰不明，人民就不遵從國家的各項法令，殺死可以赦免的人，就會使惡人得不到應有的懲罰，壞德亂法的事件就會屢見不鮮，從而使犯死罪的人得以逃脫，士兵就會逃跑離散，眾親也就會叛離；喜怒無常，應有的尊嚴就得不到擁護也就無人願聽從指揮；賞罰的標準不明確，臣下不願勤奮向上；管教不嚴，國家的法令就無人服從；將自己的私事當做公事去辦理，臣民就會心生異志；不禁止各種奸邪行為，國家就不會長久；士兵四處逃散，就會勢單力薄；將領應具備的威嚴樹不起來，士兵就不會衝鋒陷陣；部下不能勤奮向上，國君就沒有堅強有力的輔佐；國家的法令沒有人服從，則會出現難以料理的混亂局面；人們懷有二心，國家的危亡時刻就會即將到來。因此，治理國家首先要禁絕各種奸邪的人與事，教導百姓節儉以便淨化社會風氣，用公平、正直的準則管理各類案件，用清廉、公正的準則執行賞罰，賞罰恰當就能使百姓心悅誠服。路途中有飢餓之人，馬廄裡卻存有肥壯之馬，這就是將領不顧官兵的死活，只顧自己生存的結果，克扣軍餉而自肥的惡劣表現。因此，作為國君首先應該廣泛招攬各種人才，而後論功封賞，並要明確各種法令然後施以懲罰，這樣就能使人心歸服。部下由於有所疑慮而不敢大膽妄為，這樣治理國家就能不令而行。如果賞罰不正、不公，那麼忠正耿直的大臣就會無罪受死，奸邪凶惡的人就會無功受祿，甚至得到重賞、重用。在獎賞的原則下，應該是不避怨仇，所以齊桓公得到管仲的輔助，在懲罰的問題上是不避親朋戚友的，因此有周公誅殺自己的弟弟匡扶正義。所以《書》上說：「不偏愛，不庇護，君主的治國道路就會平坦，天下就會太平。」說的正是這個道理。

賞以興功　罰以禁奸

賞罰，是歷代政府、古今中外當政處事乃至理家都使用的手段。賞賜是為了鼓勵立功，刑罰是用來消除奸邪。

重賞之下必有勇夫，嚴刑之下必無刁民。賞罰不可濫用，賞要公，罰要當，一碗水端平。讓無功之人受祿，平白無故行賞，往往會使真正的功臣怨憤；亂打干棒，亂穿「小鞋」，常常令忠正之人憤怒。

作人，都想求得個心理平衡，求得自我價值被人承認，遇事討個公道。自己行事付出了勞動，創造了價值，如果得不到相應的物質或精神補償，則難以擺平心理。做領導的獎賞過度，其它人又能服這口氣？對違法亂紀之人，聽之任之，更難以使人心服口服。

行使賞罰大權，要作爲藝術看待。應講究技巧，因人而異，因時而變，因事而行。小學生做了一件好事，老師賞頂「高帽子」足矣。成人立了功，獎賞就不能那樣簡單了。總的說來，眞正做到大公無私，賞罰公正，一視同仁，並不是容易做到的事。但是，要想治理好國家，又非得朝這方面去努力不可。

春秋時，晉文公將要討伐衛國的境地，晉國大夫趙衰向文公建議勝鄴的方法。文公採納了建議，果然取得了勝利。

回來後，文公準備賞賜趙衰。趙衰說：「你是要賞賜根本呢？還是要賞賜末節呢？如果賞賜遵照法令去實施的人，那麼有參戰的將士在；如果賞賜提出勝鄴之術的人，那麼我的建議是從隙子虎那裡聽來的。」文公於是召見隙子虎說：「勝鄴的辦法是趙衰提出的，現在鄴已經被戰勝，我要賞賜他，但他說是從你那裡聽來的建議，所以我要賞賜你。」隙子虎說：「事情談起來容易，做起來難，而我只不過是說了幾句話罷了。」文公說：「你就不要推辭了。」隙子虎這才接受賞賜。

隙子虎並非直接向文公進言之人，而仍然受到賞賜，這是疏遠的人願意親近君王為君主竭盡才智的原因，這也是晉文公能夠成就霸業的重要原因之一。

喜怒第十一

君主的喜怒、好惡不能影響國家的大政與方針

欲做精金美玉的人品，一定須從烈火中鍛來；思立揭地掀天的事業，一定須從薄冰上履過。

世人常不離口的「做人」，就是修養，亦是工夫。做一日人，便不可一日不講修養；一息尚存，工夫就不可鬆懈。

人就是憑藉修養以增益自己所不能，控制自己喜好、怨忿的情感，從而提高自己的人格精神！

〔原　文〕

喜怒之政，謂喜不應喜無喜　事，怒不應怒無怒　物，喜怒　間，必明其類。怒不犯無罪人，喜不縱可戮　士，喜怒　際，不可不詳。喜不可縱有罪，怒不可戮無辜，喜怒　事，不

可妄行。行其私而廢其功，將不可發私怒而興戰，必用衆心，苟或以私忿而合戰，則用衆必敗。怒不可以復悅，喜不可以復怒，故以文為先，以武為後，先勝則必後負，先怒則必後悔，一朝之忿，而亡其身。故君子威而不猛，忿而不怒，憂而不懼，悅而不喜。可忿之事，然後加之威武，威武加則刑罰施，刑罰施則衆奸塞。不加威武，則刑罰不中，刑罰不中，則衆惡不理，其國亡。

〔譯文〕

君主的喜怒、好惡不能影響國家的大政與方針。喜歡的原則是不能喜歡不值得喜歡的事情，發怒的原則是不能因不值得發怒的事而發怒，也就是說君主的喜怒應該有一定的準則、界限。君主發怒不能傷害沒有任何罪過的人，高興時也不能因一時高興而放過罪大惡極的小人。喜怒哀樂一定要克制、謹慎，君主在喜歡的情形下不能有放縱的行為，在憤怒時不能誅殺無辜的人，在行動上不可輕率。由個人的喜怒而妄加行動，必然會喪失已經取得的功績。所以用兵的時候，將帥不能只是為了發洩自己的私忿，要使行動合乎民意。如果僅僅是想用戰爭來發洩自己的私念，那麼這場戰爭注定要失敗。

將帥發怒時不能又發出高興的表情，高興時也不能又發出憤怒的表情，所以將帥用兵首先要作好計劃，然後再佈兵，如果驕傲自大認為自己必定勝利，那麼就必定會失敗。如果用兵只是為了發洩怨氣，那麼必定要後悔，懲一時之忿，只會導致亡國亡家。所以君子應具備的個人修養是：有威嚴而不粗魯，感到氣憤而不暴怒，憂慮而不畏懼，心中喜悅卻不露出神色。對於不合情理的可怒之事，可以用威猛的氣勢去對付，這樣就會使刑罰得到很好的貫徹，從而禁絕所有的奸偽罪惡。如果不能施加威武的氣勢，刑罰施行時則不能切中要害，奸偽的人也得不到應有的懲罰，那麼，這個國家必定滅亡。

喜怒之事　不可妄行

人有七情六慾，表達喜怒哀樂等情緒乃人之常，不然豈不是冷血動物？豈不與無生命的事物無異？

作為人生活在這個大千世界上，應該善於表露各種情緒。但是，表露各種情緒，要分場合，要分對象，要看時候，要恰到好處。君子處世，不為不值得高興之事而高興，不為不值得怒之事而發怒。喜怒之時能把握住應有的分寸、界線；發怒時不傷害無辜之人，高興時不放過邪惡之徒。憤怒之時不可又喜悅，喜悅之時不可發怒。君子威而不猛，忿而不怒，憂而不懼，喜而不狂。

如果我是一位領導者，該發脾氣時，火候上不來，而是嘻嘻哈哈，則把領導的威信馬上喪盡；不該發火時，卻橫眉冷眼，一碰則火冒三丈，如同吃了生米，如此，不僅容易得罪人，也會挫傷下屬的積極性。人，在生活之中，在工作之中，接物待人之時，對情緒的表露應有所分寸，該怒則怒，該喜則喜，切不可逞一時之快。

公元二一七年曹操和孫權在濡須交戰後，各自退兵，孫權留下平虜將軍周泰為鎮守濡須的主將。當時，劃歸周泰指揮的宋然、徐盛都是江東有名的望族，他們對於出自寒門的周泰很不服氣。孫權得知後，藉視察為名，來到濡須，置酒宴請眾將。席間他乘酒酣耳熱之際，讓周泰露出身上的累累傷痕，孫權指一處，問一處，孫權最後流著眼淚對他說：「你臨戰勇於虎豹，不惜自己安危，以至負傷幾十處，我怎能不像親兄弟一樣對待你，把重任托付給你呢？」

從此，宋然，徐盛等人心悅誠服地聽從周泰的指揮。

治亂第十二

清除表面形勢
講求實在內容

吏政的清明，在於得善治之才，而得人才的主務，在於尊賢下士，屈己禮人。

君臣之間和同，則天下太平；百官之間和同，則萬事俱舉。

惟和之道，在於能容；能容之道，在於能恕。上下有容恕之量，自然政清人和。

〔原文〕

治亂之政，謂省官並職，去文就質也。夫綿綿不絕，必有亂結，纖纖不伐，必成妖孽。夫三綱不正，六紀不理，則大亂生矣。故治國者，圓不失規，方不失矩，本不失末，為政不失其道，萬事可成，其功可保。夫三軍之敵，紛紛擾擾，知惟其理。明君治其綱紀，政治當有先後，先理綱，後理紀；先理令，後理罰；先理近，後理遠；先理內，後理外；先理本，後理末；先理強，後理弱；先理大，後理小；先理身，後理人。是以理綱則紀張，理令則罰行，理近則遠安，理內則外端，理本則末通，理強則弱伸，理大則小行，理上則下正，理身則人敬，此乃治國之道也。

〔譯　文〕

治理亂世的方法是：裁減冗員，精減機構，杜絕繁文縟節，清除表面形式，講求實在內容。如果遇事疑慮不決，必然受事物的困擾，如果對細小之事與錯誤不注意，不糾正，必然會釀成大禍。

治理國家，如不遵循三綱六紀，國家必定會出現大亂。所以治理國家的人，應該公佈國家的法律、法令，不可本末倒置，避重就輕，這才是治理國家的根本法則。依從這個法則治國，社稷可保，大業可成，功績永久。如果軍隊內部混亂，紛紛擾擾，其中必定有原因。

明智君主治理軍隊，有主有次，有先有後，應首先解決主要矛盾，然後解決次要矛盾；先公佈法令，然後施行懲罰；先解決目前緊要問題，然後解決長遠問題；先安頓好內部，然後再處理外部事務；先正本清源，然後再解決細枝末節；先消滅主要敵人，然後再消滅次要敵人；先糾正大的過錯，然後糾正小缺點；先端正自己，然後修正他人。

這樣，主要矛盾解決了，其它次要方面也就會迎刃而解。法令明確了，處罰就有了依據，也就能夠施行。眼前的問題處理好了，就為長遠的計劃打下了基礎。內部安定，外敵則不敢來侵犯。根本問題解決好了，細小之處也就自然暢通。強敵被征服了，弱敵自然會歸服。大的過錯糾正了，小的錯誤自然會修正。自己的言行舉止端正，自然能受到人民的尊敬。這就是治國的道理。

圓不失規　方不失矩

依法治國，建立正常的秩序，確保國家機器正常運轉。

一個國家好比一輛大馬車，一國之主則如同駕馬車的馭手，稍有不慎，馬車就不會朝正道行駛，甚至有顛覆翻車的危險。一旦出現這種情況，應該怎樣做呢？於是諸葛亮提出了如下幾點撥亂反正的方針：

一、精兵簡政，合併職務，替臃腫機關「減肥」，掃除浮華之風，提倡樸質之風。

二、遵守「無規矩不成方圓」的方針。本不失末，政不失其道，則萬事可成，其功可保。

三、疏理整個社會關係，整頓社會秩序。由腐敗而出現禍亂，就有人乘機鑽空子，違章亂法，胡作非為。整頓時拿這些人開刀，使天下人各安其位，各守其職。

四、穩住軍隊。軍隊動亂，天下就會發生爭紛，稱雄割據，天下就會四分五裂。國家有動亂，千萬要把握住軍隊。

五、明君治政，首治綱紀，而後循序漸進。先治內，再治外；先治本，再治末；先治強，再治弱；先治大，再治小；先治本身，再治他人。

衛國有個苦役犯逃亡到了魏國，為魏國王后治病。剛繼承王位的衛國國君想用五十兩黃金把這個刑徒換回來，但是魏國不答應。於是衛君又提出用左氏這個地方去換這個逃犯。衛君的手下人說：「用一個城邑去換一個服勞役的逃犯，值得嗎？」

衛君說：「在國家治與亂的問題上，事情不分大小，法律要是不確立，該處罰的不處罰，即使有十個左氏這樣的地區也沒有什麼好處。法律要是不能確立，該處罰的不處罰，即使有十個左氏這樣的地區也沒有什麼好處。法律要是能確立，該處罰的一定處罰，即使失去十個左氏也沒有什麼害處。」

魏王聽說這件事，感到事情很嚴重，嘆息著說：「看來不滿足衛君的願望恐怕會不吉利。」於是用車把逃犯送回衛國，沒有要任何報償。

明朝的況鐘，是南昌人。這一年他剛到蘇州知府。

況鐘上任後，管事的人拿著公事案卷來呈請可否，他也不問下吏對事情處理是否得當，便揮筆答道：「可以！」這樣，下面吏員認為他一定是無能昏聵之輩，心中很是藐視他。接著，他的衙門中接二連三地出現問題，弊害與漏洞也就越來越嚴重。通判趙忱更是不把況鐘放在眼裡，千方百計地欺辱他，而況鐘只不過嗯嗯而已。一個月以後，況鐘命令手下人準備好香燭，還把掌管儀禮的禮生也叫到場來，然後又通知所屬官員一律到場。

這時，只見況鐘手捧黃綾卷，宣佈開讀皇帝御筆親書的詔文，當況鐘讀到「所屬官員如果有不法之事，況鐘自己有權自己捉拿審問，無須上奏朝庭」一句時，全場的人都萬分震驚，一時空氣十分緊張。宣讀詔書的禮儀結束後，況鐘當即升堂，召來州府中掌管文書的小吏，宣佈說：某日某時，有某一件事，你們欺騙了我，共偷了多少財物，是這樣吧？某日某時，你們又如法炮製是這樣吧？聽到況鐘所言，對他們如此瞭如指掌，那些掌管文書的小吏們都十分驚駭，並深為況鐘的才智所懾服。

況鐘宣佈：「我不耐煩進行那麼多煩瑣的審判手續。」說完後當即命令那個小吏脫光了衣服，讓四個有氣力的衙役把小吏抬起來扔到空中，這樣掉下來便摔死的有六個小吏，然後命令把他們的屍體全搬到集上去示眾。這件事使全城上下驚恐萬分，蘇州地方的人們從此改變了許多惡習，面目也為之一新。

教令第十三

爲將者，不說不合法令的話，不行不合道義的事

領導者宜於把教育感化放在強制懲罰的前面，以教化為主，以懲治為輔。對人民不施行教化，若一出差錯就懲罰，則是不教而誅，如此反使矛盾激化，失去民心。

以身作責，正己正人。止邪於無形，防範於未然。

〔原文〕

教令之政，謂上為下教也。非法不言，非道不行，上之所為，人之所瞻也。夫釋己教人，是謂逆政，正己教人，是謂順政。故人君先正其身，然後乃行其令。身不正則令不從，令不從則生變亂。故為君之道，以教令為先，誅罰為後，不教而戰，是謂棄之。先習士卒用兵之道，其法有五：一曰，使目習其旌旗指麾之變，縱橫之術；二曰，使耳習聞金鼓之聲，動靜行止；

三曰，使心習刑罰之嚴，爵賞之利；四曰，使手習五兵之便，鬥戰之備；五曰，使足習周旋走趨之列，進退之宜；故號為五教。教令軍陣，各有其道。左教青龍，右教白虎，前教朱雀，後教玄武，中央軒轅，大將軍之所處，左矛右戟，前盾後弩，中央旗鼓。旗鼓俱起，聞鼓則進，聞金則止，隨其指揮，五陳乃理。正陳之法，旗鼓為主：一鼓，舉其青旗，則為直陣；二鼓，舉其赤旗，則為銳陣；三鼓，舉其黃旗，則為方陣，四鼓，舉其白旗，是為圓陣；五鼓，舉其黑旗，則為曲陣。直陣者，木陣也；銳陣者，火陣也，方陣者，土陣也；圓陣者，金陣也；曲陣者，水陣也。此五行之陣，輾轉相生，衝對相勝，相生為救，相勝為戰，相生為助，相勝為敵。凡結五陣之法，五五相保，五人為一長，五長為一師，五師為一枝，五枝為一火；五火為一撞，五撞為一軍，則軍士具矣。夫兵利之所便，務知節度。短者持矛戟，長者持弓弩，壯者持旌旗，勇者持金鼓，弱者給糧牧，知者為謀主。鄉里相比，五五相保，一鼓整行，二鼓習陣，三鼓起食，四鼓嚴辦，五鼓就行。聞鼓聽金，然後舉旗，出兵以次第，一鳴鼓三通，旌旗發揚，舉兵先攻者賞，怯退者斬，此教令也。

〔譯　文〕

教令，就是將帥頒佈的軍紀、條令，並要求屬下嚴格遵守。身為將帥，不說不合法令的話，不行不合道義的事，將帥的一舉一動，都被部屬所矚視。如果將帥是寬以待己，嚴以律人，則違反了教令；嚴以律己，寬以待人，就合乎教令。所以將帥首先要端正自己，然後再發佈命令。將帥品行不端正，不但發佈的命令部隊不執行，還會產生動亂。可見，將帥帶兵的原則是首先對部隊進行教育，對不遵守紀律的人進行處罰，如果讓沒有經過教育、訓練的人去作戰，等於放棄了領導權，放棄了獲勝的機會。古時候的將帥訓練部隊、學習軍事技術，有五種方法：一、使戰士反覆練習視力，熟練旗幟指揮的各種信號與變化形式，根據旗語變換陣勢；二、命令官兵反覆練習聽力，使他們熟悉鑼鼓的聲音，依從鑼鼓聲的命令，或是前進、或是後退、或是停止；三、讓官兵明白刑罰以及應用範圍、賞賜的條件，鼓勵他們立功受獎；四、訓練部隊使用戈、槍、劍、戟、刀五種兵器的技能，隨時作好戰鬥準備；五、訓練戰士走、跑、變換方向的隊列，實現在實戰中進退快捷的要求。這五種方法稱為五教。

將帥用兵佈陣，也有嚴格的原則：左面是青龍陣，右面是白虎陣，前面是朱雀陣，後面是玄武陣，中間是軒轅陣，軒轅陣是主將的陣地。左方的士兵手持長矛，右方的士兵手持長戟，前面佈好盾牌手，後面佈好弓箭手，主將在中央位置利用旗、鼓指揮全局。在主將的旗、鼓指揮下，部隊要一起行動，聽到鼓聲則前進，聽到鑼聲則停止，聽從旗、鼓的指揮排列五種陣式，陣形嚴格的根本是旗鼓的指揮。一遍鼓則舉青旗，變換成直陣；二遍鼓則舉起紅旗，變換成銳陣；三遍鼓則舉起黃旗，變換成方陣；四遍鼓則舉起白旗，變換成圓陣；五遍鼓則舉起黑旗，變換成曲陣。直陣則是木陣，銳陣則是火陣，方陣則是土陣，圓陣則是金陣，曲陣則是水陣。這五陣，相互變化，相互演生，既矛盾又統一，相互彌補，相輔相成。在這些變化中，相互結合，取長補短，以這樣的陣式阻止敵人的進攻。在這些變化中，官兵五人分成一小組互相保護，五人組成一長，五長組成一師，五師組成一支，五支組成一伙，五伙組成一撞，五撞組成一軍，這樣就形成了一個完整軍制單位。

在使用兵器時，也應該有所規定，個子矮的士兵用矛戟，個子高的用弓箭，身強力壯的負責扛旗幟，力氣大的負責擂鼓，身體衰弱的負責後勤或運輸糧草，從戰士中挑選聰明的人主持小範圍中的事務。在鄉閭里，每五戶組織成一單位，互相保護，聽到一遍鼓整頓列隊，聽到二遍鼓練習陣法，聽到三遍鼓準備食物，聽到四遍鼓要準備完畢，聽到五遍鼓就出發。出發之前按要求報告情況，然後扛起大旗，依次排列，再聽到三鼓後，旗幟高揚。最先衝入敵陣英勇做戰的人應該受到獎賞，臨陣退卻的人斬首示眾，這就是教令。

教令爲先　誅罰爲後

教令就是將帥頒佈的規章制度和發出的命令。身爲將帥，應以身作則，不符合法令的話不說，不符合道義的事不做。自己的一舉一動都是部隊的榜樣，都受衆人所矚目。

治軍的原則是：首先進行教育，對不遵紀守法者予以處罰。如果讓未經教育訓練的人去作戰，等於放棄領導，放棄取勝的機會。所以訓練部隊有五種方法：一、練習戰士的眼力，熟悉旗號指揮，善於變換陣式；二、練習戰士的聽力，按鑼鼓聲的命令前進、後退、停止；三、讓戰士懂得刑罰條例、獎賞條件，勉勵他們立功受獎；四、訓練戰士運用戈、殳、戟、酋矛、夷矛五種兵器的技能；五、訓練士兵走、跑、轉彎及方向變換，以符合實戰中快捷的要求。

再進行「五陣」訓練，從而組織為一支訓練有素，戰鬥力強的軍隊。

春秋時，晉國因天災鬧飢荒，百姓沒有吃的，「盜賊」自然蜂起。當時，荀林父大權在握，專門以捕殺盜賊為能事。他讓一個叫郤雍的人專管捕捉盜賊。

一日，郤雍在市上遊逛，忽然手指一人說他是盜賊，抓來審問，果然不差。荀林父甚覺詫異，問何以知道那個人是盜賊？郤雍回答說：「經過細心觀察，我看見他一見市上所賣的物品，眉睫之間就露出一種貪婪的神色。聽說我來了，他就面帶懼色，因此我斷定他不是好人。」大夫羊舌恬聽說這事後，說：「民諺有云：『明察淵中之魚的人不吉祥，料知隱匿之事的人必定遭殃』，今有郤雍能明察秋毫，大概將要不久於人世了。」沒過三天郤雍果然被盜賊殺死在城郊，荀林父也因此憂憤而死。士會接替荀林父為輔政後，一反前任的做法，廢除緝捕盜賊的科律條文，致力於政治教化。結果奸民無容身之地，紛紛逃往他方，晉國因而大治。

斬斷第十四

不心慈手軟，必當依法斬斷

當斷不斷，必受其亂；當罰不罰，必然亂法。國有國法，軍有軍紀，家有家規。犯法者必究，犯罪者必斬，越規者必懲。不可心慈手軟，必當依法斬斷。如此，國家才有安寧之日，帥將才有名喚力，軍隊才有戰鬥力。

〔原　文〕

斬斷之政，謂不從教令之法也。其法有七，一曰輕，二曰慢，三曰盜，四曰欺，五曰背，六曰亂，七曰誤，此治軍之禁也。當斷不斷，必受其亂，故設斧鉞之威，以待不從令者誅之。軍法異等，過輕罰重，令不可犯，犯令者斬。期會不到，聞鼓不行，乘寬自留，避回自止，初近後遠，喚名不應，車甲不具，兵器不備，此為輕軍，輕軍者斬。受令不傳，傳令不審，迷惑吏士，金鼓不聞，旌旗不睹，此謂慢軍，慢軍者斬。食不稟糧，軍不省兵，賦賜不均，阿私所親，取非其物，借貸不還，奪人頭者，以獲其功，此謂盜軍，盜軍者斬。變改姓名，衣服不鮮，旌旗裂壞，金鼓不具，兵刃不磨，器仗不堅，矢不著羽，弓弩無弦，法令不行，此為欺軍，欺軍者斬。聞鼓不進，聞金不止，按旗不伏，舉旗不起，指揮不隨，避前向後，縱發亂行，折其弓弩之勢，卻退不鬥，或左或右，扶傷舉死，自托而歸，此謂背軍，背軍者斬。出軍行將，士卒爭先，紛紛擾擾，車騎相連，咽塞路道，後不得先，呼喚喧嘩，無所聽從，失亂行次，兵刃中傷，長短不理，上下縱橫，此謂亂軍，亂軍者斬。屯營所止，問其鄉里，親近相隨，共食相保，不得越次，強入他伍；干誤次第，不可呵止，度營出入，不由門戶，不自啓白，奸邪所起，知者不告，罪同一等，合人飲酒，阿私取受，大言驚語，疑惑吏士，此謂誤軍，誤軍者斬。斬斷之後，此萬事乃理也。

〔譯　文〕

施行處罰是指堅決懲罰不遵守法令的行為。不遵守法令行為有七種現象：一、輕視國法、軍紀；二、怠慢軍事行動；三、有強盜的惡劣習慣；四、欺矇哄騙；五、違背上級的命令；六、橫行亂動；七、妨害營規。

這是治軍中應該絕止的行為。如果需要實施懲罰時，卻沒有懲罰這七種行為，便會讓這些行為造成混亂，所以君主授予將帥執行軍法的權力，以便處罰不服從命令的人。

軍法的規定有輕重之分，實行警告是輕罰，誅殺是重罰，嚴重侵犯法令的人要斬首。規定了時期卻不按期到達，聽到號令卻不行動，借指揮不嚴的機會停止不前，逃避行動，尋找機會休息，起初能跟上隊伍，而後漸漸把距離拉開，點名不答應，盔甲不全，裝備不整，這就是輕視軍紀，有這種行為的人要處斬。接受了命令不傳達，傳達命令又不清楚，從而給部隊造成困難，不聽從鑼、鼓的號令，不看清指揮旗幟，這就是怠慢軍事行動，有這種行為的人要處斬。在伙食方面不提供糧食，在軍事器械方面不配給武器，賞賜分配不公平，庇護自己的親信，隨便拿取他人之物，借人錢財不還，搶奪他人殺敵的人頭，從而騙取功勞名譽，這就是強盜的惡習，有這樣行為的人要處斬。如果有人假報姓名，頂替冒名，軍裝不整，銅鉦、戰鼓不齊備，兵器不鋒利，武器把柄不堅固，箭矢無羽毛，弓弩無弦，負責軍械的官兵不守法令，不依從條令行事，這就是欺矇哄騙，有這樣行為的人要處斬。聽到戰鼓不行動，聽到鑼聲不停止，旗幟倒下不臥倒，舉起旗幟不起立，不聽從旗幟的指揮，躲避上前線而留在後方，胡亂穿行擾亂隊列，影響了兵器發揮的威力，有意逃避戰鬥，左躲右閃，假意抬死傷人員，借機逃離戰場回營內，這就違背了上級的命令，有這樣行為的人要處斬。部隊出發，官兵爭先恐後亂行，使步兵、騎兵混同一起，堵塞了道路，使部隊無法推進，呼叫鄉親朋友，大聲喧嘩，使行軍隊伍不成隊列，混亂了秩序，亂拿武器，誤傷自己的人員，長官看到也制止不了，任意妄為，這就是橫行亂動，有這樣行為的人要處斬。部隊停止前進，安營紮寨，四處打聽他人是哪個鄉村，表示親熱關係，一同行路，一同吃飯，相互包庇，長官召喚卻找不到人，擅自跑到他人單位，擾亂了營區秩序，不聽長官斥責，翻越營房圍牆，隨便出入，不走正當營門，不向長官請假，形成了壞事、罪惡的根源，知道他人有這些違法行為也不揭發，他就與犯法的人同罪。聚匯一起吃喝，偏袒請自己吃喝的人，說大話聳人聽聞，在部隊中造成疑慮，這就是妨害營規，有這樣行為的人要處斬。

堅決懲罰了這七種犯法行為之後，治國、治軍就容易多了。

斬斷之後　萬事乃理

「斬斷」就是懲治不服從教令者的方法，對於七種違法亂紀行爲，不得心慈手軟，即輕軍者、慢軍者、盜軍者、欺軍者、背軍者、亂軍者、誤軍者依法處斬。

這七種亂軍行爲，也是人性中的七種惡果，這七種惡果不僅在軍隊，在機關團體、企業單位同樣可見。

有些機關中的人，是歪嘴和尚念歪經。把上級的「正經」念成「歪經」，上有政策，我有對策，這豈不是「輕」、「慢」？

有些人在工廠上班，吊兒郎當，出勤不出力，損公肥私，將公物據為己有，這豈不是「盜」、「背」？

有些公司職員，弄虛做假，偽造報銷費用，或暗地裡索取「回扣」。說東道西，多事弄非，搞得人心不安，影響生產，這豈不是「亂」、「誤」？

春秋戰國時期，是新興的封建制度取代腐朽的奴隸制度的社會大變革時代。公元前三六一年商鞅到了秦國。在秦孝公支持下實行了變法。

商鞅批判了拘泥古制的觀點，提出了「前世不同教」，「帝王不相復」，「治民不一道，便國不必法古」，「世事變而行道異」的進步的歷史觀。並制定了一條以「法治」和「農戰」為主要內容的政治路線，以打擊壯大新興地主階級的力量和奴隸主貴族勢力。為了貫徹這條路線，商鞅採取了一系列改革措施。還創立了按丁男徵賦的辦法，統一了度量衡。這些改革為秦國的富強奠定了基礎，在歷史上留下了不可磨滅的功績。

思慮第十五

思慮國家的興亡，要涉及到目前與長遠觀念

作為領導者，能以天地為宗，以道德為本，以法度為常，則用天下而有餘。使國家的組織嚴密而運用靈活，使政府機構健全而權責分明，使各級官員賢能守職而不混亂。有智者而不以慮，使萬物知其處；有行而不以賢，觀臣下之所因；有勇而不以怒，使群臣盡其力。見微知著，見始知終，因而禍亂則不能產生。這就是思慮之政。

〔原　文〕

思慮之政，謂思近慮遠也。夫人無遠慮，必有近憂，故君子思不出其位。思者，正謀也，慮者，思事之計也。非其位不謀其政，非其事不慮其計。大事起於難，小事起於易。故欲思其

利，必慮其害，欲思其成，必慮其敗。是以九重之臺，雖高必壞。故仰高者不可忽其下，瞻前者不可忽其後。是以秦穆公伐鄭，二子知其害；吳王受越女，子胥知其敗；虞受晉璧馬宮之奇知其害；宋襄公練兵車，目夷知其負。凡此之智，思慮之至，可謂明矣，夫隨覆陣之軌，追陷溺之後，以赴其前，何及之有？故秦承霸業，不及堯、舜之道。夫危生於安，亡生於存，害生於利，亂生於治。君子視微知著，見始知終，禍無從起，此思慮之政也。

〔譯　文〕

思慮國家的興亡，要涉及到目前與長遠觀念。孔夫子說，人沒有長遠思慮，必然看不到眼前的憂患。所以君子考慮問題時，不超出自己所處的位置與權職範圍。

所謂的思，就是指尋求正確的謀略，所謂的慮，就是指反覆思考，制定出所思事物的方案。不在這個位置上就不考慮這個位置上的事情，不是為了這個事，就不考慮使用這樣的謀略。對待重大的事應從難處下手，對待細小的事應從容易方面著手，所以在思考某一件事帶來的利益時，還要考慮事物本身方面所帶來的損害，要想一件事能成功的同時，還要考慮此事失敗的因素。如同天一樣高的臺子也會倒塌，因此，向高處仰望時不可輕忽下面的根基，向前方眺望也不能忽了後方。

戰國時代秦穆公征伐鄭國，百里奚與蹇叔就預見秦軍經過長途跋涉之後注定要失敗；吳王接受越國進獻的美女西施與大量珍寶時，伍子胥就已經看出了吳王對待越國的問題上有所失誤；虞國君接受了晉國的駿馬璧玉，宮之奇便明白了這樣做的害處；宋襄公以小國之力練兵求霸，公子目夷就知道這樣做是惹火燒身。

從上述事例中就可以看出百里奚、蹇叔、伍子胥、官之奇、目夷的思慮是明智的。已經有前車之鑒，仍然重蹈覆轍，已經失敗的行為還去仿效，到底能得到什麼呢？所以說，秦國雖然成就了霸業，卻沒有堯、舜的治理方法。危險在安逸中產生，死亡在存在中產生，混亂在治理中產生。明智人看到事物的細小之處就能夠了解其中的本質，觀察到事物的開端就能夠知道事物的結局，如此就沒有產生災禍的機會，這就是思慮的道理。

人無遠慮　必有近憂

立身行事，無論大小，都要從長計議，既要明察目前事態變化，又要多往未來想想，多爲後果計算一番。人無遠慮，必有近憂。君子處事，往往要以周圍的條件、環境作參考，思考問題時不超出自己所處的地位與能力範圍。

英雄豪傑與聰明之士，謀大事、繪宏圖、打天下，必然周密思慮，做長遠計劃。普通之人動一念、謀一事也宜於深思熟慮，遠觀全局，如果只是鼠目寸光，必然只會盯住目前的蠅頭小利而不顧及後來的得失利害。

如果我是一介書生，看著他人在經商的大潮中搏擊，大把撈錢，瀟灑安逸，若是想「下海」弄潮，準備從書房邁向市場之時，就要核計一番，權衡權衡，想想自己是不是經商的料子，這樣選擇是否有利於自己的發展？

商紂王登基不久，要匠人製作了一套象牙筷子。箕子是商紂王的臣子，他知道這件事後，預感到商朝將亡國了。

他推測：商紂王既然想用象牙筷子用餐，所以絕不肯再用泥土燒成的陶杯了，一定會為配象牙筷子叫匠人去製一套犀牛角鑲玉的杯子，有了象牙筷，又有了玉鑲的犀角杯，紂王哪還肯吃野菜、野豆煞風景呢？所以一定會叫人預備山珍海味，有了這麼多美的食具，這麼貴的佳肴，還會穿短布衣在茅舍下用餐嗎？他一定認為不雅，再叫人製作華貴的衣裳，命令上千的工人建築一座最大最舒適的宮室。像這樣窮奢極侈，後果一定不堪設想。

五年之後，商紂王建造了鹿臺。裡面有掛滿各種肉類的園圃，溢滿名酒的大池。紂王天天迷戀其中，流連忘返，朝廷綱紀日益敗壞，沒過幾年，商朝就被周朝取代了，箕子的推測果然得到了印證。

公元前七一九年，衛莊公的寵妾所生之子州吁殺死異母兄弟、新立的衛桓公，自己當上了國君。衛國陷入動蕩局勢。儘管州吁上臺後幫助宋國打了兩次勝仗，但是，對於這個弒兄的君主，國人在內心裡仍然不服，州吁為此大傷腦筋。

一天州吁對寵臣石厚說：「國人還不服我，該如何辦才好？」

石厚說：「我父親石蠟在先君時當上卿，一向為國人所信服。今天主公如果能徵他入朝，同主公一起主持國政，國君的地位必然穩定。」

州吁採納了石厚的建議，親自帶著一雙白璧，五百鐘粟，去請石蠟。石蠟托言年老多病，堅辭不受。

其時，石蠟對州吁本來很討厭，在衛莊公時就曾建議莊公抑制州吁的勢力，並多次勸兒子石厚不要和州吁攪在一起。現在州吁讓他出山輔佐國政，他當然不會願意。州吁自己沒有請動石蠟，就叫石厚去請。

石厚回到家，向父親轉達了新君主的敬慕之意，並請教如何才能使君位安定的良策。此時，石蠟心想，我如果堅持不去，州吁當政胡作非為，同樣禍害國家，何不借此出山之機，將其除掉。想到此，他便對石厚說：「各國諸侯即位，都以稟令於周王為正。新主如果能夠覲見周王，得到周王賞賜的車服，奉命為君，國人必然無話可說。」

石蠟還提出，此事如果由陳國君侯引進，將不會引起周王的懷疑，更為妥當，石厚將石蠟的話回報州吁，州吁聽後大喜，於是，即備玉帛禮儀，由石厚護駕，往陳國進發。
原來，石蠟與陳國大夫子針素來親善，關係甚密。在州吁、石厚啟程之前，石蠟已秘密派遣心腹給子針送去一封信，要求子針呈達陳桓公，請求陳國趁機將州吁、石厚二逆賊除掉。州吁同石厚來到陳國，並不知道石蠟的計謀。一見面，他們見陳侯禮儀周到，心中很是高興。
第二天，陳桓公設庭燎於太廟。石厚先到，不一會，州吁駕到，石厚引導下車進廟。州吁正要鞠躬行禮的時侯，站在陳侯身旁的子針大聲喝道：「周天子有命，拿殺君之賊州吁、石厚，其餘人可以免罪。」
話音未落，州吁、石厚即被擒住。衛國派右宰醜到陳監斬州吁，石蠟也派家臣去監斬其子。當時人們稱贊石蠟這一舉動是「大義滅親」。

陰察第十六

自我審察、自我認識中悟出道理

聖人之道在隱與匿，聖人謀之於陰所以稱爲神，成之於陽所以稱爲明。塞莭匿端，隱貌逃情，而人不知，故成其事而無患。力求察探他人的秘密，盡力隱藏自己的陰謀秘密。所以有神機鬼蔽，陰陽相勝之術。

〔原　文〕

陰察之政，譬喻物類，以覺悟其意也。外傷則內孤，上惑則下疑；疑則親者不用，惑則視者失度；失度則亂謀，亂謀則國危，國危則不安。是以思者慮遠，遠慮者安，無慮者危。富者得志，貧者失時，甚愛太費，多藏厚亡，竭財相買，無功自專，憂事衆者煩，煩生於怠。船漏則水入，囊穿則內空，山小無獸，水淺無魚，樹弱無巢，牆壞屋傾，堤決水漾，疾走者仆，安行者遲，乘危者淺，覆冰者懼，涉泉者溺，遇水者渡，無揖者不濟，失侶者遠顧，賞罰者少功，不誠者失信。唇亡齒寒，毛落皮單。阿私亂言，偏聽者生患。善謀者勝，惡謀者分，善之勸惡，如春雨澤。麒麟易乘，駑駘難習。不視者盲，不聽者聾。根傷則葉枯，葉枯則花落，花落則實亡。柱細則屋傾，本細則末撓，下小則上崩。不辨黑白，棄土取石，虎羊同群。衣破者補，帶短者續。弄刀者傷手，打跳者傷足。洗不必江河，要之卻垢；馬不必麒麟，要之疾足；賢不必聖人，要之智通。總之，有五德：一曰禁暴止兵，二曰賞賢罰罪，三曰安仁和衆，四曰保大定功，五曰豐撓拒讒，此之謂五德。

〔譯　文〕

治理國家就是要常常反省自己，在自我審察、自我認識中悟出道理。如果國家受到外敵入侵，國內的政治、經濟就會受到影響，君主缺少主見，下級官員與百姓就會失去方向。君主心中迷惑混雜就會使忠臣得不到重用，缺少主張就會使問題混亂，思考問題失誤就會使自己的計劃亂套，不正確的謀略會給國家造成危害，國家有了危險就不能安定。所以，思慮事情要有長遠計劃，有長遠計劃國家就會安定，沒有長遠計劃國家就會危機四伏。

富貴的時候得意洋洋，貧困的時候又抓不住擺脫困境的機會，甚愛大費，多藏厚亡。為了購買物件而用盡積蓄，沒有功績而又專橫，過多地思慮就會使自己的思路紊亂，思路紊亂就會懈怠。船下有漏洞，水就會滲入艙內，袋囊破了裡面的東西就會漏空，山小就不會有野獸，水淺就沒有游魚，樹枝細小鳥兒就不會在上面做窩，圍牆毀壞屋子也就要傾塌，河堤決口水會四溢，人走得快就容易跌倒，走路平穩的人行動則遲緩，坐船的人有擱淺的危險，在冰上行走的人就有掉進冰窟的危險，在水潭中游泳的人就有淹死的可能，要想渡河沒有船是不行的，失去同伴就會更加思念。

按功績的大小實行賞賜，不忠誠的人就會失信於他們，嘴唇破裂會使牙齒覺得寒冷，毛髮脫落頭皮就單薄，對懷著私心的人偏信就會發生禍患。善於策劃的人就善於取勝，錯誤的謀略就會造成失敗。

以好的謀略修正錯誤的策略好比沐浴春雨。麒麟易於駕馭，遲鈍的老馬就不容馴服。不善於觀察事物的人則如同盲人，不善於聽取他人意見的人則如同聾子。樹根受到傷害，枝葉就會枯黃，枝葉枯黃花朵就會自動脫落，花朵脫落後就無法結出果實。房子的支柱細小，房子就會倒塌；樹木的主幹細小，枝梢就會彎曲；不能分辨黑白，老虎和羊為一群。衣服破了要修補，衣帶短了要續接。玩刀易於傷手，打鬧跳躍易於傷腳。洗衣不一定要去江河，目的是要除去垢污；騎馬不一定要騎麒麟那樣的千里馬，只要它跑得快就可以了。

反省自己應注意五個方面：一、禁止發動非正義的戰爭；二、獎賞賢才，懲罰罪犯；三、安撫仁人志士，使國家太平；四、保護江山穩固，不受敵人侵犯；五、不同搬弄是非的人來往。這就是所謂的五種美德。

自我審察　覺悟其意

所謂陰察，就是強調領導者勤於反省自己，在自我審察、自我認識的過程中悟出道理。

曾子的「吾日三省吾身」與現在提倡的自我批評，均屬同一主張，同一見解。可見對每一個人，尤其是領導者更為重要。由於手中有權，有了地位，他人出於種種原因，則不敢指出其錯誤，自己如果不能常常自省，則難以發現，難以修正。惟有肯於勤自省，又能對存在的問題做深入思考，追根求源，才能避免錯誤而能及時糾正。自省不僅僅在於檢點自己，發現問題，重要的是「覺悟其意」。

領袖人物在處理國家大事時，應堅持基本原則，預防出現五個方面的錯誤：一、禁止發動非正義戰爭；二、獎賞賢能，懲罰罪犯是否做到；三、是否安撫仁人志士，使國家太平；四、是否保護江山穩固，不受外寇侵犯；五、是否不與多嘴多舌、搬弄是非之人打交道。

趙匡胤的母親杜氏治家嚴謹而有辦法。陳橋兵變，趙匡胤建立大宋王朝，她對左右說：「我兒向來有大志，今天果然實現了。」

她被尊稱為太后時，宋太祖在殿上朝拜她，眾大臣也紛也紛紛祝賀，她卻一臉的不高興。左右的人近前勸道：「臣等聽說母以子貴，現今太后之子為當朝皇帝，為什麼還不高興呢？」太后說道：「我聽說做君主是很難的，天子位於普天下百姓之上，如果治理有方，皇位才會受到尊重。如果失去駕馭的本領，想當個一般百姓都辦不到。我就是為此而憂慮的。」趙匡胤聽了，叩頭拜道：「我一定恭謹地聽從母親的教誨。」

吳王夫差打敗了越國，越王勾踐聽從謀臣范蠡的意見，向吳王表示：只要保存越國，自己情願到吳國做人質，侍奉吳王夫差。夫差有心同意，但遭到大臣伍子胥的反對。伍子胥說：「今天上天把越國送給我們，不消滅越國，將來必定後悔！」吳國的太宰伯嚭得到了范蠡送去的大批金銀珠寶，站出來為越國說好話：「勾踐還有五千精兵，如果逼得太凶，他燒毀寶物，拼死一戰，我們就什麼也得不到了。勾踐到了我國，死生在我們手中，怕他什麼！」夫差認為伯嚭言之有理，就答應了勾踐的請求。

勾踐帶著自己的妻子和范蠡到吳國侍奉吳王夫差，由於盡心盡力，唯唯諾諾，夫差竟不顧伍子胥的堅決反對，把勾踐夫婦放歸回國。

勾踐回到越國，念念不忘報仇血恥。他把一個苦膽吊在座席邊，使自己無論坐著，還是躺著都能看到它，每次吃飯喝水的時候，勾踐都要嘗嘗苦膽的滋味。勾踐親自耕種，他的妻子也動手紡紗織布。經過十年的奮發圖治，越國從戰敗的陰影中掙脫出來，國力漸漸強盛。

與越國的振興恰恰相反，吳國被勝利沖昏了頭腦，一年年東征西討，為爭奪中原霸主的地位而耗盡了國力、財力。

為了試探吳王夫差對越國的態度，勾踐藉口發生災荒，向吳國借糧，夫差連想都沒想，一口答應了。伍子胥勸道：「大王總是不聽我的勸告，三年後吳國都城將要成為一片廢墟了！」夫差對伍子胥處處與自己作對大為不滿。

伯嚭乘機對夫差說：「伍子胥貌似忠厚，實際上是一個很殘忍的人，他連父兄的生死都不顧，怎能真心關心大王您呢？聽說，他與外人勾勾搭搭，大王可要防備！」不久，伍子胥出使齊國，他感到吳國早晚要被越國滅亡，便把兒子留在齊國，托鮑氏照看。

夫差得知後，勃然大怒，道：「伍子胥果然在騙我！」於是，派人送給伍子胥一把劍，讓他自殺。伍子胥在自殺前仰天大笑，道：「我死後，請把我的眼睛挖出來放在吳國都城的東門上，讓它看著越兵進城吧！」

勾踐借到糧食後，又知道伍子胥已死去，而吳王夫差對自己一點也不戒備，於是，一面加緊練兵備戰，一面不停地把美女、珍寶和建築宮殿用的巨木送給吳國，麻痺吳王夫差。夫差整日與美女們泡在一起，又大興土木，建築規模宏偉的姑蘇臺。姑蘇臺先後用了八年時間才建成，將吳國的儲備消耗殆盡。

公元前四八一年十一月，在經歷了二十二年的勵精圖治之後，兵強馬壯的勾踐一舉攻破吳國，在姑蘇山包圍了夫差。勾踐派人對夫差說：「我可以把您安置在甬東，讓您到那裡去當一個百戶人家的頭領。」夫差想起伍子胥當年的話，懊悔無窮，用衣服遮住自己的臉說：「我沒有臉面去見伍子胥！」說罷，拔劍自殺了。

越王勾踐滅亡了吳國後，與齊、晉等國在徐州會盟，各國諸侯都向勾踐祝賀，勾踐成為揚威一時的霸主。

武侯心書

論兵第一

軍隊爲立國之本

國之大事莫過於用兵。然用兵有則可以取勝於人，苟不得其法，雖有百萬之座而能必勝者罕矣。然則有國之君不可以不知兵，亦不可以全恃於兵，亦不可以不恃於兵。

自古以來，開創基業的國君，沒有不是依靠軍隊得到天下的；亡國之君，也沒有不是由於軍隊而失去了天下。

為什麼開始能得到天下，而後不能守住天下呢？這是因為天下已經安定，基業傳了數代，治平相承，時間已久，子孫驕侈淫逸，生於富貴豪華之中，不知祖先創業之艱難，不熟悉軍旅生活，忽視治軍用兵的規律所造成的。產生這種狀況有多種原因：

止；

●或者是所選拔的將領不稱職，又不幸遇上君主昏瞶、臣僚恣肆，致使禍起蕭牆；

●或者是國君獨斷專行，釀成禍亂，朝廷綱紀敗壞，政治混亂，導致四夷入侵，兵刃不止；

●或者是京師王都出現了背叛造反之徒，導致戰亂；

●或者是國君荒淫無度，貪戀酒色，縱情恣慾，不關心國家大事；

●或者是國君孱弱，臣下強悍，政令出於多門，有權勢的大臣，擅自發號施令。

凡此種種，都是君主喪失統治天下的原因。這種現象是逐漸發展起來的，不是一朝一夕之故，這就是國君喪失天下的原因呀！

再說，創業開國之君，大多是從平民百姓起家，常常親臨士卒之中，身披鎧甲，手持武器，驅馬馳騁於兩軍對峙之間，忙得往往連飯也不能好好吃，他們又能廣泛地尋求賢良才俊，採納忠言。知無不為，劍及履及，終日小心翼翼，唯恐有所閃失，像這樣夙興夜寐，努力奮鬥的精神，就是創業開國之君能取得勝利的原因。

例如，西漢的開國君主劉邦、東漢開國君主光武帝劉秀，就都是這樣的人。如果能夠在安全時不忘記危難，治平時提防動亂，使天子的盛德日新又新，全力訪求賢才之人，必使仁人在位，這樣，施政便能萬全，君位也就不可能喪失了。

國家大事，沒有比用兵更重要的了。用兵得法，就可以戰勝敵人；用兵不得法，就算擁有百萬大軍，因而必能獲得勝利的例子也是很少見。因此，**身為一國之君，不可不懂治軍用兵，雖不能完全依靠武力，也不能不依靠武力**。

軍隊是國家的利器，不可輕易地使用。動用武力必須依循正道，在使用時也應該講究用兵的原則，這樣才能戰勝敵人。一旦發動戰爭，大則可以消滅敵國，小則可以攻克敵人的城池，或者用來抵禦四夷的入侵，或者討伐造反的亂臣賊子，或者俘虜殲滅盜匪敵寇，所以，一個國家必須有軍隊，這是確定無疑的。因而嚴格整肅軍隊，隨時準備征服討伐敵人，是國家生死存亡的重要關鍵。

國家以軍隊為立國根本，軍隊中以將領為靈魂樞紐，士卒則以將領為核心。要想壯大軍隊戰勝敵人，根本在於選擇稱職的將領、獲得優秀的人才。使用稱職的將領、得到優秀的人才，就能震懾天下，臣服四夷，這才是長期保有國家大政的根本。常言道：天下太平，使用文治；天下動亂，重用武功，這乃是必然的道理。天下太平無事，應當以文教施政治民；天下動亂，則應當依靠軍隊，掃平紛亂。因此說，文武之道是為政者一日也不可或缺的治術。

壯大軍隊、戰勝敵人的途徑主要有五條：

一、整治鎧甲武器；

二、聚集軍隊，齊備馬匹車輛；

三、籌集糧秣及裝備；

四、訓練士卒；

五、選拔優秀將領。

這五條都俱備了，而後才能壯大軍隊。

選拔將領在於了解其人，了解他的才能智慧，然後才能使用他們，如周武王重用了姜太公，漢高祖劉邦任用了名將韓信就是如此。如果所用非人，就是有雄兵百萬，又能增加幾分用處呢？

將領有五種品德（智、信、仁、勇、嚴）軍事上有九地（散地、輕地、爭地、交地、衢地、重地、圮地、圍地、死地），用兵有四機（氣機、地機、事機、力機），作戰時有五勝（知可以戰與不可以戰勝者，識衆寡之用者勝、上下同欲者勝、以虞待不虞者勝、將能而君不禦者勝），帶兵有九變（將受命於君、合軍聚衆、圮地無舍、衢地交合、絕地無留、圍地則謀、死地則戰、塗有所不由，軍有所不擊、城有所不攻、地有所不爭、君命有所不受）。懂得這些道理，就一定能打勝仗；不了解這些道理，必敗無疑。

作戰時，謀略最為重要，勇力次之。軍事上以謀略為根本，多謀則勝，少謀則不勝。如果有勇力而沒有謀略，獲勝的機會只有一半；有謀略而沒有勇力，獲勝的機會也只有一半；既有謀略又有勇氣，必能百戰百勝；如果沒有謀略，又沒有勇氣，十次戰爭必有九次失敗，獲勝的可能性極小。

孫子說：「用兵作戰是要講究詭道的。因此即使本身擁有實力，卻要故意裝作無能為力；雖有攻擊的行動，卻要裝作無此準備；攻擊目標就在近處，卻故示遠方，雖在遠方，卻示之以近（《孫子·計篇》）；力量強大，要裝作虛弱；實力虛弱，要裝作力量強大。誘惑貪圖小利的敵人，攻取陷於混亂的敵人，防備實力堅強的敵人，突襲守備空虛的敵人，迴避火力強大的敵人，騷擾氣勢旺盛的敵人，使謙卑謹慎的敵人驕傲怠慢，讓以逸待勞的敵人疲於奔命，出其不意，攻其不備，這些都是高明的軍事家必須靈活創造的兵機，不可死守事先訂定的呆板規定（《孫子·計篇》）。」

孫子又說：「戰場上重視的是過程粗糙的速勝，而不在於巧妙但卻延誤兵機的佈陣（《孫子·作戰》）；援救重圍中的爭鬥，不能拿著武器加入拚命，避開實力雄厚之處，打擊空虛的弱點，就會自然而然的解圍了。是故，善於用兵的人，總是能避開敵人初來時的銳氣，等待敵人鬆懈疲憊時再予以痛擊；用我方好整以暇對待敵人的輕浮驕躁，用我方的虛靜權變對待敵人的動蕩不安；以我方的近控要地對待敵人的遠道而來；用我方的安逸休整對待敵人的勞師動眾；用我方的飽食戰飯對待敵人的飢餓動盪（《孫子·軍事》）。因此，軍有所不擊，城有所不攻，地有所不爭。無恃其不來，恃吾有以待之；無恃其不攻，恃吾有所不可攻也（《孫子·九變》）。」

為將者的智慧須足以估計出敵人的一舉一動，威信須足以統領部下，恩德須足以安撫部下。當他發號施令時，部下必不敢違犯；後威所指之處，敵寇必不敢抵抗，這些都是身為良將的基本條件。

國家有優秀的將領，就可以增強軍事實力；軍事實力增強，便可以稱霸天下。因此，即使是天下太平，也不可忘記國防兵備。

歷史上賢明的君主，都十分重視對內加強文治、累善積德；對外則加強軍事實力、建軍備戰，以積極的態度防範於未然，何況所遇到的是離亂動盪的時代呢？

選將第二

將領爲軍隊的支柱

任將之道在於知人。先明五德，次察其人，若五德俱備，然後可以用人。夫五德者，一曰智、二曰仁、三曰信、四曰勇、五曰嚴，此將之五德也。

在國家遭受到叛亂忤逆的禍患時，免不了要出動軍隊；要出動軍隊，必須先選擇好稱職的將領。

選任將領的原則在於了解其人。軍人武德是身為將領的必備條件，如果審察其人俱備此武德，便可予以晉用。**軍人武德有五：一曰智，二曰仁，三曰信，四曰勇，五曰嚴，**凡古今良將，必俱備此五種德性。

將領是國家的輔弼，輔弼得力，國家就一定強盛。一般的人談論起將領，多喜歡說其如何勇敢。勇敢對於一個將領，固然是應當具備的德性，但若只是匹夫之勇，則往往會輕率地與敵人交戰，這樣反而無法發揮自己的優勢，勝敗之數便全然無法預料了。因此，身為將領最重要的就是通曉謀略，其次才是勇敢，當然，謀略與勇敢應該是兼而有之、缺一不可的。有謀略又勇敢的，可稱為第一流的將領；有謀略而沒有勇氣的，只能是一般的將領。有勇氣而沒有智慧的，則是末流的將領。

身為統軍之將，對五個問題要特別愼重：一為條理，二為準備，三為堅決，四為戒愼，五為簡約。

所謂條理，是指治理眾多士卒要如同治理少數兵員一樣有條不紊；所謂準備，是指出門就可能遇到敵人，有隨時就能作戰的準備，所謂堅決，是指臨戰時能不抱生還的念頭，視死如歸；所謂戒愼，是指戰鬥勝利結束後，要像未開始時那樣嚴肅；所謂簡約，是指軍中的號令規範簡約而不繁雜。

接受任務後連家都未告辭就奔赴戰場，消滅敵人後馬上回朝復命，這才是一個優秀將領的完美典型。

料敵第三

料敵是將領的機先

為將之道料敵為先，敵有間隙，必急擊之而超其危，所謂「見可而進，知難而退」是乃料敵之道也。

身為將領，一定得才智超人，其對於敵情的衡量，以敵方實力佈置的虛實為先，至於兵員總數的多寡則在其次。

統率著三軍的人馬，能夠每戰必勝而不失敗的關鍵，在於將領能否正確的使用「奇」、「正」兩種手法。「奇」、「正」的變化無窮，使敵人無所措手足以至於大敗，這便是「奇」、「正」的威力。當然，能否善用「奇」、「正」兩種戰術，還得靠為將者的謀略；能夠每戰必勝、傾覆敵人，則是大將才有的謀略和本事。大將出征，猶如獵人帶著鷹、犬去狩獵，每次必有收穫，而不會有什麼損失。

一般說來，兵威之所向，如果像以石擊卵一樣的順利，必是在虛實的調度掌握上處置得宜。戰爭的原則，不外是用「正」兵會戰、用「奇」兵取勝。「奇」、「正」的變化多端，無窮無盡。

戰陣的形勢可以取象於水，水的「形」是「避高而趨下」，用兵的「勢」則是「避實而擊虛」；戰場上沒有固定的形勢，就如同水是沒有固定的形狀一樣，凡能順著敵情的變化而因應取勝的，便可說是用兵如神了。

將帥如果御下不嚴，管教不明，使得官兵不守紀律，行軍列陣時縱橫雜亂，就叫作「亂」，這是將帥的過失。將帥不能正確地判斷敵情，以寡敵眾，以弱擊強，必將遭致兵敗。戰爭的勝敗，為將者負有全部的責任，對於影響勝敗的關鍵，不能不作深刻的體察。因而，**為將之道以料敵為第一要務**。當發現敵人有疏漏空隙之處，一定要乘虛急攻，將敵人推入危險的境地，**即所謂「見可而進，知難而退」**，料敵之道盡在於此。

練兵第四

軍之所興必須擇將。君不擇將，以其國與敵也；將不知兵，以其卒與敵也。是故用兵之法，教戒為先。

訓練是作戰的前提

軍隊要有所行動之前，必須先選擇稱職的將帥。國君若不認真選擇稱職的將帥，就等於拱手把國家交給敵人；將帥不了解自己的士卒，就等於拱手把軍隊交給敵人。因此說，用兵治軍的方法，以教育訓練為第一要務。

一個人學習掌握了戰鬥技能，可以用來教育十人；十人學習掌握了戰鬥技能，可以用來教育百人；百人學習掌握了戰鬥技能，可以用來教育千人；千人學習掌握了戰鬥技能，可以用來教育萬人；萬人學習掌握了戰鬥技能，三軍強大的戰鬥力便得以建立起來了。

身材短小的可以拿著矛、戟投入戰鬥，身材高大的可以使用弓、弩；強悍的高舉著旌旗，勇敢的負責鳴金擊鼓；身體虛弱的負責給養供應，聰明睿智的充當謀士。武器鋒利尖銳，鎧甲堅固細密，則人人勇於戰鬥；奮勇前進的給予重賞，擅自後退的處以重刑，賞罰的威信得以嚴格貫徹，才是克敵致勝的根本之道。

練兵的宗旨，在使進攻時銳不可當，撤退時敵不敢追，陷入絕境時依然陣形嚴整，戰鬥失利時仍能行列井然，不管在晏安或危險的場合裡，全軍上下均能緊密地結合，隨時都可調用，絕不發生離散或疲弊的態勢，這才算是有了充分的訓練。

孔子說：「以不教民戰，是謂棄之（驅使未經訓練的人民投入戰爭，便是將其棄之於絕地）。」事理既是如此，任何一個國家在興師動眾之前，必須先加強兵員的教育訓練。

備器械第五

武器是用兵的優勢

凡用兵之道，器械爲先。若器械不利，甲冑不堅，雖有虎賁之士而豈能必勝哉？

用兵之道，器械為先。如果武器不夠鋒利，鎧甲不夠堅固，即使是有虎賁勇士，也未必一定能獲勝。

如果有興師攻戰的企圖，必須先準備好武器裝備，挑選優秀的士卒，騎兵、步兵數量的組合可以根據需要而使用，或者在先，或者在後，使攻守之間的支援相繼不斷。

鎧甲不夠堅固細密，就跟赤身露體一樣，弓弩射程不遠，則與沒有弓弩一樣；射不中敵人，與沒有射一樣；射中敵人，但沒有穿透敵人的鎧甲，就像沒有箭鏃一樣——可見，勝敵之道，武器裝備是第一優先。

如果武器鋒利尖銳，鎧甲堅固細密，士卒人人威武雄壯，行軍佈陣訓練有素，前進後退井井有條，陣形隊伍絲毫不亂，聽到擊鼓就奮勇戰鬥，聽到鳴金就停止前進，這樣的軍隊才可以使用。如果鎧甲不堅固，武器不鋒利，士卒缺乏訓練，就猶如赤手空拳去和猛虎搏鬥，是注定要失敗的。

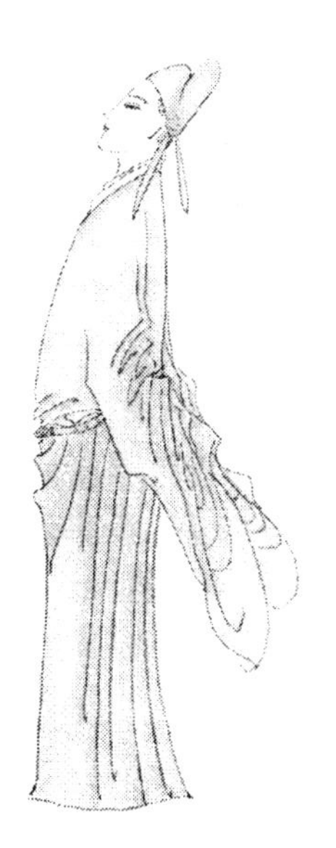

行軍第六

行軍是戰場的動勢

夫三軍之眾，百萬之師，必須有則。居必擇處，戰必有成。夫地形者，兵之助也。料敵制勝，計險阻、遠近，勝之道也。

統領三軍部眾，指揮百萬雄師，必須有一定的準則。駐紮的防區有所選擇，作戰時必然有成。行軍作戰必須選擇地形上的助力，預知敵情，掌握勝算，控制地理上的險阻、遠近，這才是戰勝之道。

大軍在運動時，應盡量選擇居高臨下，視野開闊的地形，避免行經地勢卑下，道路不暢的險區。地理上的形勢各地均有不同，差異頗大。

絕澗、天井、天牢、天羅、天陷、天隙，即所謂的六害，行軍時遇到這些地形一定要遠遠離開，萬萬不可接近。我們遠離這六種地形，讓敵人去靠近它，我們應面對這六種地形，讓敵人背對著它。

行軍時除了要遠離六害之外，遠必須要注意九地。所謂九地，有散地、有輕地、有爭地、有交地、有衢地、有重地、有圮地、有圍地、有死地。

有路程近的地方排開陣勢，則容易離散，這種地形稱為散地。

進入別人國境不深的地區，叫做輕地。

我軍得到有利，敵人得到也有利的地方，叫做爭地。

我軍可以駐紮，敵人也可以進駐的地方，叫做交地。

三國交境之地，先得到就可以結交周圍諸侯、取得更幫助我的地方，叫做衢地。

深入敵境，背後有敵人很多城邑的地方，叫做重地。

山嶺、森林、險要、阻塞、渠道、湖泊沼澤等難於通行的地形，叫做圮地。

所由進入的途徑狹窄，所由退卻的道理迂遠，敵人用少數兵力就可以攻擊我們多數兵力的地形，叫做圍地。

迅速奮勇作戰就能生存，不迅速奮勇作戰佔有死亡的地方，叫做死地。

散地上不宜作戰；輕地上不宜停留；遇到爭地應先奪佔要點，不要等敵人占領了再去進攻；逢交地應部署相連，勿失聯絡；衢地則應加強外交活動、結交諸侯；深入重地就要掠取糧秣；遇到圮地就要迅速通過；欲入圍地，必須深謀遠慮；到了死地，就要奮勇作戰，以求死裡逃生。

由於有那麼多複雜的情況，所以，在實際的戰爭裡「軍有所不擊，城有所不攻，地有所不爭，君命有所不受」，戰略戰術的各項選擇，必須按實際的狀況通盤考慮。為將者如能深通九地的利弊得失，才可說是「知兵」。如果為將者昧於軍事上的九變之術，即使對各種地形地利瞭若指掌，定也無法善盡地理上全面的助益了。

佈陣第七

佈是戰場的靜態

佈陣之道在乎臨時。先料敵之多寡，我之強弱，彼之虛實，象地之宜而宜之。

古來能征慣戰的良將，無不是針對敵情而採取制勝的方針，他們常能因應戰場上複雜的變化而施展出無窮無盡的勝敵之策。當兩軍臨陣相持之時，也就是雙方各擅勝場、爭奪勝機之際，謀慮深遠者勝，算路不足者敗。

佈陣之道，在於臨陣時的隨機應變。先估計敵方兵員的多寡、我軍力量的強弱以及敵方表裡的虛實，然後看天時、地形的條件如何，採取最適宜的方針。

佈陣的方法是多種多樣的，古時聖明的帝王軒轅（即傳說中的黃帝）創造了八十多套佈陣之法，都畫有圖形傳給後人，但是了解這套陣法人很少很少。大致說來，這套陣法的內容，或者是以「奇」為「正」，或者是以「正」為「奇」。「奇」、「正」相互聯繫，相互轉化，就像首尾相連的圓環一樣，無始無終，無窮無盡，即所謂的「陣間容陣，隊間容隊；以前為後，以後為前；進無速奔，退無遽走；擊頭則尾應，擊尾則頭應，擊中則兩頭俱應」。

陣法形態的變化無窮，但總離不開「四奇八正」。一般都是以步兵為「正」軍，以騎兵為「奇」軍。所謂「四奇」，一為前奇，二為右奇，三為左奇，四為後奇。所謂「八正」，一為先鋒，二為左角，三為右角，四為右爪，王為左爪，六為左牙，七為右牙，八為後軍。行軍作戰時通常以一奇搭配著二正。

前奇與先鋒、左角相組合；右奇與右角、右爪相組合；左奇與左爪、左牙相組合；後奇與右牙、後軍相組合。四奇都受命於中軍主帥，八正都受命於四奇。因此八正常以四奇為首，所謂以少數節制多數，這便是一例。

平時要注意四奇所駐紮的地方，出發時要注意四奇的行動，行軍時四奇通常於前方領兵。突然與敵人相遇，首先接觸的稱為首兵。前軍與敵人接觸，則前奇負責應付；左軍與敵人接觸，則左奇負責應付；右軍與敵人接觸，則右奇負責應付；後軍與敵人接觸，則後奇負責應付。行軍時前奇居於最前，其次是先鋒，再次是左角，再次是右角，再次是右奇，再次是右爪，再次是左奇，再次是左爪，再次是左牙，再次是後奇，再次是右牙，最後是後軍。停止的時候，整個部隊成為一個四奇為首、八正為尾的陣容。無論哪個方向遇到敵人，則與敵人接觸的部隊即為首兵。對敵應戰、敵人進攻後軍時，前軍包抄支援而至，全軍形成一個整體，這是陣法中最重要的一點。

古來優秀的將領，都能洞察敵人的真實情況，掌握敵我雙方的目標動向，對於沒有預料到的突發事件，並能採取適當的預防措施。敵人從這個方向來進攻，我便從這個方向來應付。如能看到合適的機會就立即行動起來，根據敵人的情況便馬上採取相應的變化及對策，這才算是懂得了什麼叫做為將之道。

因此說：了解到自己的部隊可以使用，而不知敵人不可以進攻，勝利的把握只有一半；知道可以去進攻敵人，不知道自己的部隊不能使用，而且不了解地理的形勢不適於作戰，勝利的可能也只有一半。了解敵人，也了解自己，即使身經百戰，也絲毫沒有危殆；不了解敵人，而了解自己，勝負的機會參半；不了解敵人，也不了解自己，每次戰鬥必敗無疑。

兵有四機第八

四機是治軍的妙訣

凡兵有四機，一曰陣機、二曰器機、三曰力機、四曰將機。知此四者，攻必克，戰必勝。

士兵強悍、將帥勇猛，這樣的軍隊如猛虎一般不可侵犯，似蛟龍一樣不可招惹。誰若侵犯了猛虎必死無疑，誰若招惹了蛟龍一定喪命，這個道理天下沒有不知道的，就是三尺高的兒童也知道猛虎蛟龍不好惹，避之唯恐不及。

古來優秀的將領，進攻時不可抵擋，撤退時不可追擊，目標所在不可防守，窘迫之際敵不敢圍，原因就在於他的部隊銳不可當，猶如猛虎蛟龍一般。

用兵治軍有「四機」：一為陣機，二為器機，三為力機，四為將機。了解這四點，攻必能

克，戰必能勝。

即使是三軍之眾、百萬雄師，置之存地則生，陷之絕地則亡，因此在作戰時，必須對地勢地形有所選擇，能夠得到地勢地形輔助的，叫做陣機。

武器鋒利，裝備齊全，鎧甲堅固細密，叫做器機。

將士個個威武雄壯，如虎如彪，有一夫當關、萬夫莫敵的氣勢，馳騁戰陣之間，橫行無阻，這就是所謂的力機。

各種軍事安排有輕有重、條理清楚，臨戰對敵能果斷決策、不為所惑，賞必信、罰必果，指揮三軍，料敵如神，每戰必勝，這就是所謂的將機。

為將者如能通曉四機，才是百戰百勝之道啊！

謀攻第九

謀攻是戰爭的主動

善用兵者，屈人之兵而非戰也，拔城之人而非攻也，毀人之國而非久也，必以全爭於天下，故兵不頓而利可全，此謀攻之法也。

兵家謀攻之法，大者用以攻城，小者用以野戰。然而攻城只是下策，不必交戰就能戰勝敵人才是上策；擊破敵人大軍其實並非作戰的主要目的，屠城殲敵更是下下之策。

孫子說：「是故百戰百姓，非善之善者也。不戰而屈人之兵，善之善者也。」如果在一次攻擊作戰中，我軍士卒折損了三分之一，敵人的城池卻仍屹立不搖，這便將導致災禍了。善於用兵者，能夠輕易地屈服敵人，而不必打硬仗；能夠成功地奪下城池，而不必拚死攻擊；能夠將敵國覆滅，而不必曠廢時日——**爭奪天下一定要講究「全爭」的大戰略，不折損自身的實**

力，並且保全戰勝之利，這樣才能算是謀攻的上策。

● 攻擊敵人疏於防守之處，定能攻而必取。
● 形成敵人無法有效打擊的防禦態勢，乃能守而必固。
● 衝擊敵人防線的空虛之處，我方的攻勢方能銳不可當。
● 運動快速，無人可及，我方轉進時才能無慮追兵。
● 打擊敵方不得不救的弱點，即使他們據有深溝高壘，仍不得不與我方決戰。
● 敵我防線至為迫近，若能有成功的欺敵之策，我方仍能無虞受攻。

敵人的一舉一動無所遁形，我方則動靜莫測，敵人因而一分為十，我方則凝結為一，這就形成以十攻一的態勢，我軍眾、敵軍寡，如此一來，能夠在戰場上與我方一較雌雄的敵人便寥寥無幾了。

軍威第十

軍威是將領的形象

軍之行也，先張其勢，多設旌旗，廣造金鼓，以千為萬，以少為多，以弱為強，以勝佯為不勝。

軍隊在展開行動時，首先要擴大聲威和氣勢，多設置些五色旌旗，多製作些金鉦、戰鼓，有一千人誇張為有一萬人，把兵微將寡誇張為兵多將廣，把兵弱馬疲誇為兵強馬壯，把大獲全勝佯裝為沒有獲勝。

剛強一定能戰勝柔弱，堅實一定能戰勝空虛，強大一定能吞併弱小，這是一般的道理。但用兵作戰是一種詭詐的行為，變化無窮無究，根據敵人的具體情況，採取相應的措施，有讓敵人無法猜測的機變，這是一個優秀將領所應具備的才智。

金鉦、戰鼓是用來震撼聽覺的，五彩旌旗是用來威迫視覺的，頒佈各種禁令、刑罰，是用來使人內心畏懼的。耳朵易被聲音震撼，因此金鼓號令必須清楚；眼睛易受色彩威迫，因此五色旌旗必須醒目；內心常畏怖於刑罰的厲害，因此軍法必須嚴明——這三點如不確立，就是有百萬之眾，又能增加多少作用呢？

一般來說，進攻作戰的方法是：白天用五彩旌旗作為節制部隊行動的信號，晚上用金鉦、鼙鼓作為行動的準則。一聲戰鼓，士卒就奮勇向前；金鉦一響，全軍則停止前進，這才是軍威的意義啊！

禦敵第十一

防禦是速勝的保證

夫用兵之道何者爲先？蓋禦敵爲先。要識其機，貴在神速，不貴巧遲，敵若有隙而趨其危，使敵望風而奔，惟恐走之不及。

用兵的原則以何為先呢？——以禦敵為先。禦敵的要務在於識得時機，注重快速地克敵制勝，不以巧妙的持久戰為貴。敵人行軍佈陣若有一點漏洞，就應趁他們危險時發動攻勢，使敵人望風而逃，逃命都唯恐來不及，哪裡還敢抵抗呢？

一般來說，利於對敵人發動攻勢的機會，歸納起來有十種：

一、敵人長途遠道而來，到了一個新的地方，軍隊還沒穩定下來，宜於迅速襲擊他們。

二、敵人正在吃飯，沒有做好防禦的準備工作，應迅速襲擊他們。

三、敵人見到小利便汲汲奔走，可以迅速襲擊他們。
四、敵人來到陌生的地方，不知如何利用地形的輔助，可以迅速襲擊他們。
五、敵人長途跋涉後，未及休息，人困馬疲，可以迅速襲擊他們。
六、敵人渡河到一半時，可以迅速襲擊他們。
七、敵人冒險通過道路狹窄的地方，可以迅速襲擊他們。
八、敵人陣營內旌旗混亂，可以迅速襲擊他們。
九、敵人陣營連續幾次移動，可以迅速襲擊他們。
十、敵人將領脫離士卒，可以迅速襲擊他們。

此外當敵人心生畏怖，夜晚虛驚即可從速掩襲。

復次，敵營如果發生：師老無功，糧食短缺，部眾心生怨怒，一連串的怪事和謠言紛紛而起；軍用物資缺乏，草糧枯竭，並且天候不利，無處可資掠奪；兵員數量不足，加以不服水土，人馬疾疫，援兵不至；征途遙遠，日暮西山，士卒疲困，倦而未食；解甲休息，上下勞困；軍中多次受到驚擾，陣式兵馬未能糾合完畢；在崎嶇坎坷的地方行軍，或在地形惡劣的地方跋涉；……等的情形，我軍便應迅速出動，擊之勿疑。

有六種情況，是不必占卜吉凶就應當迴避的。

一、敵方土地遼闊，人民富庶。
二、敵方君主關懷臣下，君主的恩惠德澤流傳得很遠。
三、敵方將帥賞罰分明，言出必信；凡有舉措，必定合乎時宜。
四、敵方能推行有效的戰功制度，任賢使能。
五、敵方兵多將廣，武器鋒利，鎧甲堅密。
六、敵方能得到鄰國幫助。

遇到諸如此類的情況時，毫無疑問地要迴避他們。因此說：**善於用兵打仗的將領，應說是見到有機可乘時則前進，看到有困難時則趕快轉移。**

應變據險第十二

應變勝敗的鍵鈕

三軍勝敗在於一人，夫良將應敵見機而作神變不測之道也。

應付突生的戰場上變化，要依靠險要的地勢。如果是在敵眾我寡的情況下，在平坦的地方就要加以迴避，在險要的地方便應加以阻截。因此說，以十人襲擊百人，最理想的地方莫過於在險要的地區；以千人襲擊萬人，最理想的地方莫過於在險要的地區。若是有少數士兵在險要的地方突然鳴金擊鼓，敵方的兵馬就算數量龐大，也必定會大為震驚。因此說：指揮眾多的軍隊，一定要在平坦的地域和敵人交戰；運用少量的軍隊，一定要選擇在險要的地域和敵人交戰。

如果有數萬士卒，背後是艱險阻塞之地，右邊是高山，左邊是大河，又有深溝高壘、強弓勁弩從事防守，但大部隊駐守險要地勢，撤退時像移山一樣困難，前進時如和風細雨一般無力，而且耗糧又多，這絕對難以長久防守。指揮數量龐大的兵團，不能只靠騎兵步卒野戰之功，主要還是在智者之謀。

一個擁有千輛戰車、萬名騎兵以及龐大步兵的大部隊，部署上應劃分為五個軍，每個軍各據守一個營壘，這樣敵人一定會感到困惑，不知該選擇哪一個目標。

敵人若是堅實不出，以穩固其軍心，則應趕快派遣間諜觀察敵人的企圖，敵人若聽從我軍的勸說，便會撤兵解圍而出；如果不聽我軍的勸說，殺掉使臣、焚燒文書，將部隊一分為五前來挑戰，則我軍應採取「戰勝勿追，不勝速歸」的戰術支應。此時我軍若是佯裝敗北，敵人一定會緊隨在後追擊，我軍且戰且走，一面分出一支軍隊在前面接應，另一支軍隊斷絕敵人的後路，又派兩支軍隊秘密從左右兩邊分別襲擊敵人的駐紮處，五支軍隊交相而至，必能大獲全勝。這種誘敵出戰的措施，是打擊強大之敵的有效辦法。

三軍勝負，在於主帥一人，優秀的將領必須捕捉到戰機立即行動，臨陣作出各種神鬼莫測的破敵之計。

勵士第十三

賞罰是督軍的依據

為將之道務在必勝，必勝之道又在於賞罰明也。賞罰既明而在於必信。發號施令而人樂鬥，兩軍相對而人樂戰，兵既相接而人樂死，此三者，將之所恃而能成功也。

為將者身負的使命，在於每戰必勝。必勝之道，在於賞罰分明。令出必行，言而有信，則是賞罰分明的基礎。發號施令而人人樂於戰鬥，兩軍對陣而人人樂於決勝，短兵相接而人人樂於犧牲，這三者便是為將者賴以成功的保證。

若有士卒在戰鬥中不能盡力，戰鬥結束後，宴請全體作戰有功的將士，沒有戰功的則給予勉勵。在軍中廣設席位，座位分為三等三行：立有一等戰功的將士坐在前排，備有多種美酒佳肴，席上鋪三層墊子，所用的全是金質器皿；立有二等戰功的坐中間一行，酒、菜、座墊等都減少一個等次，所用的全是銀質器皿，沒有戰功的坐最後一排，酒菜又降一個等級、僅坐一層墊子，所用的全是漆質器皿。

宴饗之後，又頒發獎品，給作戰有功人員的父母、妻子以金銀、玉器、絲綢等物品，一律按戰功的大小，決定賞賜的多少。有戰死的將士，派遣使者慰問撫恤他們的父母、要將死者的事跡記載在冊，銘刻於心。

若能作到以上三點，那麼，人人都會勇於拚死力戰，這支軍隊就無敵於天下了。

統領三軍部眾、百萬雄師，如果賞罰不明，號令沒有威信，就不能激勵將士奮勇殺敵。

附錄

附錄一

隆中對

這是劉備三顧茅廬時，諸葛亮就天下大勢和建立霸業的戰略所作的一席談話。被後人看成是策論經典，傳誦千年。

〔原　文〕

自董卓以來，豪傑並起，跨州連郡者不可勝數。曹操比於袁紹，則名微而衆寡，然操遂能克紹，以弱為強者，非惟天時，抑亦人謀也。今操已擁百萬之衆，挾天子而令諸侯，此誠不可與爭鋒。孫權據有江東，已歷三世。國險而民附，賢能為之用，此可以為援而不可圖也。荊州北據漢、沔、利盡南海，東連吳、會，西通巴、蜀，此用武之國，而其主不能守，此殆天所以資將軍，將軍豈有意乎?益州險塞，沃野千里，天府之土，高祖因之以成帝業。劉璋闇弱，張魯在北，民殷國富而不知存恤，智能之士思得明群。將軍既帝室之胄，信義著於四海，總攬英雄，思賢如渴，若跨有荊、益，保其岩阻，則命一上將將荊州之軍以向宛、洛，將軍身率益州之衆出於秦川，百姓孰敢不簞食壺漿以迎將軍者乎？誠如是，則霸業可成，漢室可興矣。

〔譯　文〕

自從董卓亂政以來，各地豪傑紛紛起兵稱雄，割據州郡的人不可勝數。曹操同袁紹相比，名望既低，兵力又少，然而曹操終於戰勝了袁紹，由弱變強，這不僅由於時機對他有利，而且也是靠著他的主觀謀劃。現在曹操已經擁有百萬大軍，挾持皇帝號令各地豪傑，這實在無法同他正面抗爭。

孫權佔據江東地區，已經歷了三代，那裡地勢險要民眾歸附，有德才的人肯替他效力，這只能把他引為外援，而不可以謀取他。

荊州北面有漢水、沔水，南面直通南海，可以盡收其利，東面連接吳郡、會稽郡，西面溝通巴郡、蜀郡，這確是一個戰略要地，可是它的主人卻沒有能力守住它。這是上天賜給將軍的禮物，您打算接受它嗎？

益州地勢險要，有上千里的肥沃土地，是被人稱為『天府』的地方，漢高祖正是依靠著這個地方完成了帝業。劉璋昏庸懦弱，張魯又在北方威脅著他，雖然人口眾多，域內富饒，但劉璋卻不知道愛惜百姓。有智謀才幹的人，都希望能夠得到一個賢明的君主。

將軍既是皇室的後代，信義又傳遍天下，廣泛地羅致英雄，如飢似渴地訪求賢才，如果能佔有荊、益二州，守住險要的地方，同西方的戎族建立友好的關係，對南方的夷越族採取安撫的方針，對外與孫權結好，對內修明政治，天下形勢一有變化，就可命令一位上將率領荊州的軍隊向宛城、洛陽一線出擊，將軍親自率領益州的大軍出師秦川，到那時老百姓誰能不籃裡裝著食物、壺裡裝著美酒來歡迎您呢！如果能夠這樣，那麼統一全國的大業就可以成功了，漢朝也可以復興了。

附錄二

出師表

這是諸葛亮在出師北伐之前，給後主劉禪上的奏表，全篇感情真摯，其統一天下的雄心壯志和憂心國事的無限忠忱，溢於言表，是膾炙人口的名篇。

〔原　文〕

先帝創業未半而中道崩殂，今天下三分，益州疲弊，此誠危急存亡之秋也。然侍衛之臣不懈於內，忠志之士忘身於外者，蓋追先帝之殊遇，欲報之於陛下也。誠宜開張聖聽，以光先帝遺德，恢弘志士之氣，不宜妄自菲薄，引喻失義，以塞忠諫之路也。宮中府中，俱為一體，陟罰臧否，不宜異同。若有作奸犯科及為忠善者，宜付有司論其刑賞，以昭陛下平明之理，不宜偏私，使內外異法也。侍中、侍郎敦攸之、費禕、董允等，此皆良實，志慮忠純，是以先帝簡拔以遺陛下。愚以為宮中之事，事無大小，悉以咨之，然後施行，必能裨補闕漏，有所廣益。

將軍向寵，性行淑均，曉暢軍事，試用於昔日，先帝稱之曰能，是以衆議舉寵為督。愚以為營中之事，悉以咨之，必能使行陳和睦，優劣得所。親賢臣，遠小人，此先漢所以興隆也；親小人，遠賢臣，此後漢所以傾頹也。先帝在時，每與臣論此事，未嘗不嘆息痛恨於桓、靈也。侍中、尚書、長史、參軍，此悉貞良死節之臣，願陛下親之信之，則漢室之隆，可計日而待也。

臣本布衣，躬耕於南陽，苟全性命於亂世，不求聞達於諸侯。先帝不以臣卑鄙，猥自枉屈，三顧臣於草廬之中，諮臣以當世之事，由是感激，遂許先帝以驅馳。後值傾覆，受任於敗軍之際，奉命於危難之間，爾來二十有一年矣。先帝知臣謹慎，故臨崩寄臣以大事也。受命以來，夙夜憂嘆，恐托付不效，以傷先帝之明，故五月渡瀘，深入不毛。今南方已定，兵甲已足，當獎率三軍，北定中原，庶竭駑鈍，攘除奸凶，興復漢室，還於舊都，此臣所以報先帝，而忠陛下之職分也。

至於斟酌損益，進盡忠言，則攸之、禕、允之任也。願陛下托臣以討賊興復之效；不效，則治臣之罪。以告先帝之靈。若無興德之言，則責攸之、禕、允等之慢，以彰其咎。陛下亦宜自謀，以諮諏善道，察納雅言。深追先帝遺詔，臣不勝受恩感激。今當遠離，臨表涕零，不知所言。

〔譯　文〕

先帝開創帝業沒有完成一半就中途逝世了。現在天下分成三國，蜀國的力量薄弱，這實在是危急存亡的時候。然而在宮廷裡侍從護衛的大臣毫不懈怠，忠心耿耿的將士在外面捨身忘死，這是出於追念先帝生前對他們的特殊恩遇，想要報答陛下。陛下應該廣泛地聽取臣下意見，以發揚光大先帝遺留下來的美德，振作志士們的勇氣，不應該過分地看輕自己，講些不合情理的話，以致堵塞臣子向您忠諫的道路。皇宮中的侍臣和丞相府裡的屬官應是一個整體，在對他們的提升懲罰、獎勵貶斥時，不應該不同對待。如果有作壞事犯法的，或是盡忠盡職的，都應交付有關的主管去評價和給予處罰或獎勵，以顯示陛下的公正嚴明，不應有所偏私，使皇帝的內廷和丞相的外府有不同的法度。侍中郭攸之、費禕，侍郎董允等人，都善良誠實，志向忠貞，心地純正，因此先帝才選拔他們留給陛下任用。我認為，宮廷裡的事情，無論大小都同他們商量，然後實行，一定能夠有利於彌補缺漏，得到很多好處。將軍向寵，善良公正，又通曉軍事，過去試用他的時候，先帝稱贊他很能幹，因此大家議論推舉他擔任都督。我認為軍營中的事，都同他商量處理，一定會使軍隊內部和睦，優劣各得其所。

親近賢臣，疏遠小人，這是前漢所以興盛的原因；親近小人，疏遠賢臣，這是後漢所以衰敗的原因。先帝生前，每當和我談論到這件事，沒有一次不對桓、靈二帝時的黑暗表示痛心和嘆息。侍中郭攸之、費禕，尚書陳震，長史張裔，參軍蔣琬，這些人都是忠實賢良能以死報國的臣子，希望陛下能夠親近他們，信任他們，這樣，漢朝的興盛就指日可待。

我本是一個平民，在南陽耕種田地，只想在亂世之中苟全性命，不圖在諸侯中求名得官。先帝不因為我卑微淺陋，屈駕相訪，三次到草廬中看望我，向我詢問天下大事，我因此非常感激，於是答應為先帝奔走效勞。後來又趕上先帝被曹操打敗，我在軍事失利的時候接受了任命，在形勢危急的關頭執行了使命，從那時到現在已經有二十一年了。先帝知道我為人小心謹慎，所以在臨終時把國家大事托付給我。

自接受委託以來，我日夜憂慮嘆息，深恐辜負先帝的囑託，事業完成得沒有成效，以致損傷先帝的知人之明，所以我在五月間率軍渡過瀘水，深入到不毛之地作戰。現在南方已經平定，兵甲已經充足，應該鼓勵和率領三軍。向北平定中原。我願意竭盡自己平庸的能力，鏟除奸凶，興復漢室，還於舊都洛陽，這是我用來報答先帝，並效忠於陛下所應盡的職責。

至於權衡得失，無保留地進獻忠言，那是郭攸之、費禕、董允的職責了。希望陛下把討伐奸賊，復興漢室的責任交給我，如果完不成，那就治我罪，以告先帝在天之靈。如果陛下聽不到使國家興盛的建議，那就懲治郭攸之、費禕、董允等人的失職，表露他們的過失。陛下也應該考慮治國之道，徵求正確的意見，辨別、採納有益的言論。

一想到先帝的遺詔，我就感到受恩非淺，不勝感激，現在我就要遠離陛下了，對著這份表章，我淚流不止，不知道自己所說的話是否恰當。

附錄三

諸葛亮大事年表

一八一年（漢靈帝光和四年）

諸葛亮出生於琅玡郡陽都縣。

一八四年（漢靈帝中平元年）四歲

張角領導的黃巾起義爆發。

一八八年（漢靈帝中平五年）八歲

諸葛亮父親死，由叔父諸葛玄撫養。

一九四年（漢獻帝興平元年）十四歲

諸葛亮隨叔父諸葛玄南下豫章，後投靠荊州劉表。

一九六年（漢獻帝建安元年）十六歲

漢獻帝從長安遷洛陽，後被曹操迎至許昌。

一九七年（漢獻帝建安二年）十七歲

叔父諸葛玄死，諸葛亮移居隆中。

二〇〇年（漢獻帝建安五年）二十歲

曹操在官渡打敗袁紹。

二〇一年（漢獻帝建安六年）二十一歲

劉備投奔荊州劉表。

二〇七年（漢獻帝建安十二年）二十七歲

劉備三顧茅廬，諸葛亮出山輔佐劉備。

二〇八年（漢獻帝建安十三年）二十八歲

曹操南征荊州，劉備退至夏口，諸葛亮出使東吳，孫劉聯軍在赤壁大敗曹軍。

二〇九年（漢獻帝建安十四年）二十九歲

劉備戰武陵、長沙、桂陽、零陵四郡，任荊州牧。

二一〇年（漢獻帝建安十五年）三十歲

周瑜死，劉備從東吳借得荊州（南郡）。

二一一年（漢獻帝建安十六年）三十一歲

劉璋邀劉備入益州，諸葛亮和關羽留守荊州。

二一四年（漢獻帝建安十九年）三十四歲
諸葛亮入蜀，劉璋投降，劉備為益州牧，諸葛亮任軍師將軍。
二一五年（漢獻帝建安二十年）三十五歲
孫權兵襲長沙、桂陽、零陵，劉備與孫權講和，雙方以湘水為界，平分荊州。
二一七年（漢獻帝建安二十二年）三十七歲
劉備進兵漢中，諸葛亮留守成都。
二一九年（漢獻帝建安二十四年）三十九歲
劉備佔領漢中，稱漢中王，關羽圍樊城，呂蒙襲取江陵，關羽被殺，荊州歸吳。
二二〇年（漢獻帝建安二十五年）四十歲
曹操死，曹丕廢獻帝，建立魏國。
二二一年（蜀漢昭烈帝章武元年）四十一歲
劉備稱帝，建蜀國，以諸葛亮為丞相。劉備率軍伐吳，諸葛亮留守成都，張飛死。
二二二年（蜀漢照烈帝章武二年）四十二歲
陸遜在猇亭大敗劉備。
二二三年（蜀後主建興元年）四十三歲
劉備死，劉禪繼位，封諸葛亮為武鄉侯領益州牧，設丞相府。鄧芝出使東吳。

二二五年（蜀後主建興三年）四十五歲
諸葛亮率軍南征，「撫夷」。
二二六年（蜀後主建興四年）四十六歲
曹丕死，曹睿繼位。
二二七年（蜀後主建興五年）四十七歲
諸葛亮上《出師表》，進兵漢中。
二二八年（蜀後主建興六年）四十八歲
諸葛亮第一次北伐，出祁山，失街亭，退兵，斬馬謖，自貶三級。冬，第二次北伐，出散關，圍陳倉，糧盡而退。
二二九年（蜀後主建興七年）四十九歲
諸葛亮第三次北伐，佔武都，陰平二郡，復丞相職，孫權稱帝，國號吳。
二三〇年（蜀後主建興八年）五十歲
魏曹真、司馬懿伐蜀，遇雨退兵。
二三一年（蜀後主建興九年）五十一歲
諸葛亮第四次北伐，圍祁山，用「木牛」運糧，因糧盡而退，懲處李嚴。

二三四年（蜀後主興十二年）五十四歲

諸葛亮第五次北伐，出兵斜谷口，在五丈原與司馬懿相執百日，諸葛亮病死軍中。

後記

九五年，我們的《孫子兵法與經商》、《三十六計與經商》和《兵經百篇與經商》（《經濟日報出版社》）出版後，三次再版。讀者紛紛來信，要求我們再策劃一些好的古代兵書。他們認為，古代兵書對今天的策劃、營運、工作以及競爭和人際交往等方面的實用都有啟迪作用。鑒此，我們精心選編了這套兵書。

這套兵書突出歷代著名國師（軍師）的神算，奇謀。國師是一手托起帝王霸業的神算高手，他們的兵法思想對今天各項大策劃、大運作、大社會交往都有獨到的借鑒。

參加這套神算兵法的編譯、撰稿，校對的有任洪清、燕洪生、胡文飛、王明貴、殷美滿、李金水、楊攀勝、張喬生、桂紹海、汪珍珍等。

書中難免舛誤之處，仍希望讀者諸君繼續予以關愛和批評。謹此後記。

大展出版社有限公司
品冠文化出版社

圖書目錄

地址：台北市北投區（石牌）
致遠一路二段 12 巷 1 號
電話：(02)28236031
28236033
郵撥：0166955～1
傳真：(02)28272069

法律專欄連載・大展編號 58

台大法學院　法律學系／策劃
法律服務社／編著

1. 別讓您的權利睡著了(1)　200 元
2. 別讓您的權利睡著了(2)　200 元

・生活廣場・品冠編號 61・

1.	366 天誕生星	李芳黛譯	280 元
2.	366 天誕生花與誕生石	李芳黛譯	280 元
3.	科學命相	淺野八郎著	220 元
4.	已知的他界科學	陳蒼杰譯	220 元
5.	開拓未來的他界科學	陳蒼杰譯	220 元
6.	世紀末變態心理犯罪檔案	沈永嘉譯	240 元
7.	366 天開運年鑑	林廷宇編著	230 元
8.	色彩學與你	野村順一著	230 元
9.	科學手相	淺野八郎著	230 元
10.	你也能成為戀愛高手	柯富陽編著	220 元
11.	血型與十二星座	許淑瑛編著	230 元
12.	動物測驗—人性現形	淺野八郎著	200 元
13.	愛情、幸福完全自測	淺野八郎著	200 元
14.	輕鬆攻佔女性	趙奕世編著	230 元
15.	解讀命運密碼	郭宗德著	200 元
16.	由客家了解亞洲	高木桂藏著	220 元

・女醫師系列・品冠編號 62

1.	子宮內膜症	國府田清子著	200 元
2.	子宮肌瘤	黑島淳子著	200 元
3.	上班女性的壓力症候群	池下育子著	200 元
4.	漏尿、尿失禁	中田真木著	200 元
5.	高齡生產	大鷹美子著	200 元
6.	子宮癌	上坊敏子著	200 元

7. 避孕 早乙女智子著 200元
8. 不孕症 中村春根著 200元
9. 生理痛與生理不順 堀口雅子著 200元
10. 更年期 野末悅子著 200元

・傳統民俗療法・品冠編號 63

1. 神奇刀療法 潘文雄著 200元
2. 神奇拍打療法 安在峰著 200元
3. 神奇拔罐療法 安在峰著 200元
4. 神奇艾灸療法 安在峰著 200元
5. 神奇貼敷療法 安在峰著 200元
6. 神奇薰洗療法 安在峰著 200元
7. 神奇耳穴療法 安在峰著 200元
8. 神奇指針療法 安在峰著 200元
9. 神奇藥酒療法 安在峰著 200元
10. 神奇藥茶療法 安在峰著 200元

・彩色圖解保健・品冠編號 64

1. 瘦身 主婦之友社 300元
2. 腰痛 主婦之友社 300元
3. 肩膀痠痛 主婦之友社 300元
4. 腰、膝、腳的疼痛 主婦之友社 300元
5. 壓力、精神疲勞 主婦之友社 300元
6. 眼睛疲勞、視力減退 主婦之友社 300元

・心 想 事 成。・品冠編號 65

1. 魔法愛情點心 結城莫拉著 120元
2. 可愛手工飾品 結城莫拉著 120元
3. 可愛打扮 & 髮型 結城莫拉著 120元
4. 撲克牌算命 結城莫拉著 120元

・少年偵探・品冠編號 66

1. 怪盜二十面相 江戶川亂步著 特價 189元
2. 少年偵探團 江戶川亂步著 特價 189元
3. 妖怪博士 江戶川亂步著 特價 189元
4. 大金塊 江戶川亂步著 特價 230元
5. 青銅魔人 江戶川亂步著 特價 230元
6. 地底偵探王 江戶川亂步著
7. 透明怪人 江戶川亂步著

8. 怪人四十面相　江戶川亂步著
9. 宇宙怪人　江戶川亂步著
10. 恐怖的鐵塔王國　江戶川亂步著
11. 灰色巨人　江戶川亂步著
12. 海底魔術師　江戶川亂步著
13. 黃金豹　江戶川亂步著
14. 魔法博士　江戶川亂步著
15. 馬戲怪人　江戶川亂步著
16. 魔人剛果　江戶川亂步著
17. 魔法人偶　江戶川亂步著
18. 奇面城的秘密　江戶川亂步著
19. 夜光人　江戶川亂步著
20. 塔上的魔術師　江戶川亂步著
21. 鐵人Ｑ　江戶川亂步著
22. 假面恐怖王　江戶川亂步著
23. 電人Ｍ　江戶川亂步著
24. 二十面相的詛咒　江戶川亂步著
25. 飛天二十面相　江戶川亂步著
26. 黃金怪獸　江戶川亂步著

・武 術 特 輯・大展編號 10

1. 陳式太極拳入門　馮志強編著　180 元
2. 武式太極拳　郝少如編著　200 元
3. 練功十八法入門　蕭京凌編著　120 元
4. 教門長拳　蕭京凌編著　150 元
5. 跆拳道　蕭京凌編譯　180 元
6. 正傳合氣道　程曉鈴譯　200 元
7. 圖解雙節棍　陳銘遠著　150 元
8. 格鬥空手道　鄭旭旭編著　200 元
9. 實用跆拳道　陳國榮編著　200 元
10. 武術初學指南　李文英、解守德編著　250 元
11. 泰國拳　陳國榮著　180 元
12. 中國式摔跤　黃　斌編著　180 元
13. 太極劍入門　李德印編著　180 元
14. 太極拳運動　運動司編　250 元
15. 太極拳譜　清・王宗岳等著　280 元
16. 散手初學　冷　峰編著　200 元
17. 南拳　朱瑞琪編著　180 元
18. 吳式太極劍　王培生著　200 元
19. 太極拳健身與技擊　王培生著　250 元
20. 秘傳武當八卦掌　狄兆龍著　250 元
21. 太極拳論譚　沈　壽著　250 元
22. 陳式太極拳技擊法　馬　虹著　250 元

23. 二十四式/三十二式太極拳/劍	闞桂香著	180 元
24. 楊式秘傳 129 式太極長拳	張楚全著	280 元
25. 楊式太極拳架詳解	林炳堯著	280 元
26. 華佗五禽劍	劉時榮著	180 元
27. 太極拳基礎講座：基本功與簡化 24 式	李德印著	250 元
28. 武式太極拳精華	薛乃印著	200 元
29. 陳式太極拳拳理闡微	馬 虹著	350 元
30. 陳式太極拳體用全書	馬 虹著	400 元
31. 張三豐太極拳	陳占奎著	200 元
32. 中國太極推手	張 山主編	300 元
33. 48 式太極拳入門	門惠豐編著	220 元
34. 太極拳奇人奇功	嚴翰秀編著	250 元
35. 心意門秘籍	李新民編著	220 元
36. 三才門乾坤戊己功	王培生編著	220 元
37. 武式太極劍精華 +VCD	薛乃印編著	350 元
38. 楊式太極拳	傅鐘文演述	200 元
39. 陳式太極拳、劍 36 式	闞桂香編著	250 元
40. 正宗武式太極拳	薛乃印著	220 元

・原地太極拳系列・大展編號 11

1. 原地綜合太極拳 24 式	胡啟賢創編	220 元
2. 原地活步太極拳 42 式	胡啟賢創編	200 元
3. 原地簡化太極拳 24 式	胡啟賢創編	200 元
4. 原地太極拳 12 式	胡啟賢創編	200 元

・名師出高徒・大展編號 111

1. 武術基本功與基本動作	劉玉萍編著	200 元
2. 長拳入門與精進	吳彬 等著	220 元
3. 劍術刀術入門與精進	楊柏龍等著	220 元
4. 棍術、槍術入門與精進	邱丕相編著	220 元
5. 南拳入門與精進	朱瑞琪編著	元
6. 散手入門與精進	張 山等著	元
7. 太極拳入門與精進	李德印編著	元
8. 太極推手入門與精進	田金龍編著	元

・實用武術技擊・大展編號 112

1. 實用自衛拳法	溫佐惠著	
2. 搏擊術精選	陳清山等著	

・道學文化・大展編號 12

1.	道在養生：道教長壽術	郝　勤等著	250 元
2.	龍虎丹道：道教內丹術	郝　勤著	300 元
3.	天上人間：道教神仙譜系	黃德海著	250 元
4.	步罡踏斗：道教祭禮儀典	張澤洪著	250 元
5.	道醫窺秘：道教醫學康復術	王慶餘等著	250 元
6.	勸善成仙：道教生命倫理	李　剛著	250 元
7.	洞天福地：道教宮觀勝境	沙銘壽著	250 元
8.	青詞碧簫：道教文學藝術	楊光文等著	250 元
9.	沈博絕麗：道教格言精粹	朱耕發等著	250 元

・易學智慧・大展編號 122

1.	易學與管理	余敦康主編	250 元
2.	易學與養生	劉長林等著	300 元
3.	易學與美學	劉綱紀等著	300 元
4.	易學與科技	董光壁　著	280 元
5.	易學與建築	韓增祿　著	280 元
6.	易學源流	鄭萬耕　著	元
7.	易學的思維	傅雲龍等著	元
8.	周易與易圖	李　申　著	元

・神算大師・大展編號 123

1.	劉伯溫神算兵法	應　涵編著	280 元
2.	姜太公神算兵法	應　涵編著	280 元
3.	鬼谷子神算兵法	應　涵編著	280 元
4.	諸葛亮神算兵法	應　涵編著	280 元

・秘傳占卜系列・大展編號 14

1.	手相術	淺野八郎著	180 元
2.	人相術	淺野八郎著	180 元
3.	西洋占星術	淺野八郎著	180 元
4.	中國神奇占卜	淺野八郎著	150 元
5.	夢判斷	淺野八郎著	150 元
6.	前世、來世占卜	淺野八郎著	150 元
7.	法國式血型學	淺野八郎著	150 元
8.	靈感、符咒學	淺野八郎著	150 元
9.	紙牌占卜術	淺野八郎著	150 元
10.	ESP 超能力占卜	淺野八郎著	150 元

11. 猶太數的秘術	淺野八郎著	150 元
12. 新心理測驗	淺野八郎著	160 元
13. 塔羅牌預言秘法	淺野八郎著	200 元

・趣味心理講座・大展編號 15

1. 性格測驗① 探索男與女	淺野八郎著	140 元
2. 性格測驗② 透視人心奧秘	淺野八郎著	140 元
3. 性格測驗③ 發現陌生的自己	淺野八郎著	140 元
4. 性格測驗④ 發現你的真面目	淺野八郎著	140 元
5. 性格測驗⑤ 讓你們吃驚	淺野八郎著	140 元
6. 性格測驗⑥ 洞穿心理盲點	淺野八郎著	140 元
7. 性格測驗⑦ 探索對方心理	淺野八郎著	140 元
8. 性格測驗⑧ 由吃認識自己	淺野八郎著	160 元
9. 性格測驗⑨ 戀愛知多少	淺野八郎著	160 元
10. 性格測驗⑩ 由裝扮瞭解人心	淺野八郎著	160 元
11. 性格測驗⑪ 敲開內心玄機	淺野八郎著	140 元
12. 性格測驗⑫ 透視你的未來	淺野八郎著	160 元
13. 血型與你的一生	淺野八郎著	160 元
14. 趣味推理遊戲	淺野八郎著	160 元
15. 行為語言解析	淺野八郎著	160 元

・婦 幼 天 地・大展編號 16

1. 八萬人減肥成果	黃靜香譯	180 元
2. 三分鐘減肥體操	楊鴻儒譯	150 元
3. 窈窕淑女美髮秘訣	柯素娥譯	130 元
4. 使妳更迷人	成　玉譯	130 元
5. 女性的更年期	官舒妍編譯	160 元
6. 胎內育兒法	李玉瓊編譯	150 元
7. 早產兒袋鼠式護理	唐岱蘭譯	200 元
8. 初次懷孕與生產	婦幼天地編譯組	180 元
9. 初次育兒 12 個月	婦幼天地編譯組	180 元
10. 斷乳食與幼兒食	婦幼天地編譯組	180 元
11. 培養幼兒能力與性向	婦幼天地編譯組	180 元
12. 培養幼兒創造力的玩具與遊戲	婦幼天地編譯組	180 元
13. 幼兒的症狀與疾病	婦幼天地編譯組	180 元
14. 腿部苗條健美法	婦幼天地編譯組	180 元
15. 女性腰痛別忽視	婦幼天地編譯組	150 元
16. 舒展身心體操術	李玉瓊編譯	130 元
17. 三分鐘臉部體操	趙薇妮著	160 元
18. 生動的笑容表情術	趙薇妮著	160 元
19. 心曠神怡減肥法	川津祐介著	130 元

20. 內衣使妳更美麗	陳玄茹譯	130 元
21. 瑜伽美姿美容	黃靜香編著	180 元
22. 高雅女性裝扮學	陳珮玲譯	180 元
23. 蠶糞肌膚美顏法	坂梨秀子著	160 元
24. 認識妳的身體	李玉瓊譯	160 元
25. 產後恢復苗條體態	居理安・芙萊喬著	200 元
26. 正確護髮美容法	山崎伊久江著	180 元
27. 安琪拉美姿養生學	安琪拉蘭斯博瑞著	180 元
28. 女體性醫學剖析	增田豐著	220 元
29. 懷孕與生產剖析	岡部綾子著	180 元
30. 斷奶後的健康育兒	東城百合子著	220 元
31. 引出孩子幹勁的責罵藝術	多湖輝著	170 元
32. 培養孩子獨立的藝術	多湖輝著	170 元
33. 子宮肌瘤與卵巢囊腫	陳秀琳編著	180 元
34. 下半身減肥法	納他夏・史達賓著	180 元
35. 女性自然美容法	吳雅菁編著	180 元
36. 再也不發胖	池園悅太郎著	170 元
37. 生男生女控制術	中垣勝裕著	220 元
38. 使妳的肌膚更亮麗	楊　皓編著	170 元
39. 臉部輪廓變美	芝崎義夫著	180 元
40. 斑點、皺紋自己治療	高須克彌著	180 元
41. 面皰自己治療	伊藤雄康著	180 元
42. 隨心所欲瘦身冥想法	原久子著	180 元
43. 胎兒革命	鈴木丈織著	180 元
44. NS 磁氣平衡法塑造窈窕奇蹟	古屋和江著	180 元
45. 享瘦從腳開始	山田陽子著	180 元
46. 小改變瘦 4 公斤	宮本裕子著	180 元
47. 軟管減肥瘦身	高橋輝男著	180 元
48. 海藻精神秘美容法	劉名揚編著	180 元
49. 肌膚保養與脫毛	鈴木真理著	180 元
50. 10 天減肥 3 公斤	彤雲編輯組	180 元
51. 穿出自己的品味	西村玲子著	280 元
52. 小孩髮型設計	李芳黛譯	250 元

・青 春 天 地・大展編號 17

1. A 血型與星座	柯素娥編譯	160 元
2. B 血型與星座	柯素娥編譯	160 元
3. O 血型與星座	柯素娥編譯	160 元
4. AB 血型與星座	柯素娥編譯	120 元
5. 青春期性教室	呂貴嵐編譯	130 元
7. 難解數學破題	宋釗宜編譯	130 元
9. 小論文寫作秘訣	林顯茂編譯	120 元
11. 中學生野外遊戲	熊谷康編著	120 元

12. 恐怖極短篇　柯素娥編譯　130 元
13. 恐怖夜話　小毛驢編譯　130 元
14. 恐怖幽默短篇　小毛驢編譯　120 元
15. 黑色幽默短篇　小毛驢編譯　120 元
16. 靈異怪談　小毛驢編譯　130 元
17. 錯覺遊戲　小毛驢編著　130 元
18. 整人遊戲　小毛驢編著　150 元
19. 有趣的超常識　柯素娥編譯　130 元
20. 哦！原來如此　林慶旺編譯　130 元
21. 趣味競賽 100 種　劉名揚編譯　120 元
22. 數學謎題入門　宋釗宜編譯　150 元
23. 數學謎題解析　宋釗宜編譯　150 元
24. 透視男女心理　林慶旺編譯　120 元
25. 少女情懷的自白　李桂蘭編譯　120 元
26. 由兄弟姊妹看命運　李玉瓊編譯　130 元
27. 趣味的科學魔術　林慶旺編譯　150 元
28. 趣味的心理實驗室　李燕玲編譯　150 元
29. 愛與性心理測驗　小毛驢編譯　130 元
30. 刑案推理解謎　小毛驢編譯　180 元
31. 偵探常識推理　小毛驢編譯　180 元
32. 偵探常識解謎　小毛驢編譯　130 元
33. 偵探推理遊戲　小毛驢編譯　180 元
34. 趣味的超魔術　廖玉山編著　150 元
35. 趣味的珍奇發明　柯素娥編著　150 元
36. 登山用具與技巧　陳瑞菊編著　150 元
37. 性的漫談　蘇燕謀編著　180 元
38. 無的漫談　蘇燕謀編著　180 元
39. 黑色漫談　蘇燕謀編著　180 元
40. 白色漫談　蘇燕謀編著　180 元

・健康天地・大展編號 18

1. 壓力的預防與治療　柯素娥編譯　130 元
2. 超科學氣的魔力　柯素娥編譯　130 元
3. 尿療法治病的神奇　中尾良一著　130 元
4. 鐵證如山的尿療法奇蹟　廖玉山譯　120 元
5. 一日斷食健康法　葉慈容編譯　150 元
6. 胃部強健法　陳炳崑譯　120 元
7. 癌症早期檢查法　廖松濤譯　160 元
8. 老人痴呆症防止法　柯素娥編譯　170 元
9. 松葉汁健康飲料　陳麗芬編譯　150 元
10. 揉肚臍健康法　永井秋夫著　150 元
11. 過勞死、猝死的預防　卓秀貞編譯　130 元
12. 高血壓治療與飲食　藤山順豐著　180 元

13. 老人看護指南	柯素娥編譯	150 元
14. 美容外科淺談	楊啟宏著	150 元
15. 美容外科新境界	楊啟宏著	150 元
16. 鹽是天然的醫生	西英司郎著	140 元
17. 年輕十歲不是夢	梁瑞麟譯	200 元
18. 茶料理治百病	桑野和民著	180 元
19. 綠茶治病寶典	桑野和民著	150 元
20. 杜仲茶養顏減肥法	西田博著	170 元
21. 蜂膠驚人療效	瀨長良三郎著	180 元
22. 蜂膠治百病	瀨長良三郎著	180 元
23. 醫藥與生活(一)	鄭炳全著	180 元
24. 鈣長生寶典	落合敏著	180 元
25. 大蒜長生寶典	木下繁太郎著	160 元
26. 居家自我健康檢查	石川恭三著	160 元
27. 永恆的健康人生	李秀鈴譯	200 元
28. 大豆卵磷脂長生寶典	劉雪卿譯	150 元
29. 芳香療法	梁艾琳譯	160 元
30. 醋長生寶典	柯素娥譯	180 元
31. 從星座透視健康	席拉・吉蒂斯著	180 元
32. 愉悅自在保健學	野本二士夫著	160 元
33. 裸睡健康法	丸山淳士等著	160 元
34. 糖尿病預防與治療	藤山順豐著	180 元
35. 維他命長生寶典	菅原明子著	180 元
36. 維他命 C 新效果	鐘文訓編	150 元
37. 手、腳病理按摩	堤芳朗著	160 元
38. AIDS 瞭解與預防	彼得塔歇爾著	180 元
39. 甲殼質殼聚糖健康法	沈永嘉譯	160 元
40. 神經痛預防與治療	木下真男著	160 元
41. 室內身體鍛鍊法	陳炳崑編著	160 元
42. 吃出健康藥膳	劉大器編著	180 元
43. 自我指壓術	蘇燕謀編著	160 元
44. 紅蘿蔔汁斷食療法	李玉瓊編著	150 元
45. 洗心術健康秘法	竺翠萍編譯	170 元
46. 枇杷葉健康療法	柯素娥編譯	180 元
47. 抗衰血癒	楊啟宏著	180 元
48. 與癌搏鬥記	逸見政孝著	180 元
49. 冬蟲夏草長生寶典	高橋義博著	170 元
50. 痔瘡・大腸疾病先端療法	宮島伸宜著	180 元
51. 膠布治癒頑固慢性病	加瀨建造著	180 元
52. 芝麻神奇健康法	小林貞作著	170 元
53. 香煙能防止癡呆？	高田明和著	180 元
54. 穀菜食治癌療法	佐藤成志著	180 元
55. 貼藥健康法	松原英多著	180 元
56. 克服癌症調和道呼吸法	帶津良一著	180 元

國家圖書館出版品預行編目資料

諸葛亮神算兵法／應涵編著
——初版，——臺北市，大展，2002 年〔民 91〕
面；21 公分，——（神算大師；4）
ISBN 957-468-133-5（平裝）
1.（三國）諸葛亮—學術思想—軍事 2.兵法—中國 3.謀略學
592.0953 91003420

諸葛亮神算兵法

ISBN 957-468-133-5
著　者／應　涵
發 行 人／蔡 森 明
出 版 者／大展出版社有限公司
社　址／台北市北投區（石牌）致遠一路 2 段 12 巷 1 號
電　話／（02）28236031・28236033・28233123
傳　眞／（02）28272069
郵政劃撥／01669551
E－mail ／dah-jaan @ms 9.tisnet.net.tw
登 記 證／局版臺業字第 2171 號
承 印 者／國順文具印刷行
裝　訂／嶸興裝訂有限公司
排 版 者／弘益電腦排版有限公司
初版 1 刷／2002 年（民 91 年）5 月

定　價／280 元

大展好書 好書大展